Herstellen und Instandhalten
Elektrischer Licht- und Kraftanlagen

Ein Leitfaden auch für Nicht-Techniker

unter Mitwirkung von

Gottlob Lux und **Dr. C. Michalke**

verfaßt und herausgegeben
von
S. Frhr. v. Gaisberg

Neunte, umgearbeitete und erweiterte Auflage

Mit 66 Abbildungen im Text

Springer-Verlag Berlin Heidelberg GmbH
1920

ISBN 978-3-662-27133-9   ISBN 978-3-662-28616-6 (eBook)
DOI 10.1007/978-3-662-28616-6

Alle Rechte, insbesondere das der
Übersetzung in fremde Sprachen, vorbehalten.

Aus dem Vorwort zur ersten Auflage.

Das vorliegende kleine Buch enthält eine für Nichtelektrotechniker und insbesondere für Laien bestimmte Beschreibung der wesentlichen Teile elektrischer Licht- und Kraftanlagen und eine sich daran anschließende Erörterung der Grundsätze für das Herstellen und Instandhalten der Anlagen. Die gegebenen Regeln beschränken sich auf kleine Anlagen, wobei namentlich die an die Kabelnetze von Elektrizitätswerken angeschlossenen Einrichtungen berücksichtigt sind. Auf ausgedehnte Betriebe einzugehen, würde das Buch unnötig vergrößern, weil es nicht möglich ist, die für das Herstellen und den Betrieb umfangreicher Anlagen notwendigen praktischen Erfahrungen dem Laien zugänglich zu machen. In letzterer Hinsicht kann nur auf sachverständigen Rat verwiesen werden. Überhaupt ist dringend zu empfehlen, in allen zweifelhaften Fällen sachverständige Hilfe hinzuzuziehen, da beim Einrichten und Instandhalten elektrischer Anlagen begangene Fehler und Vernachlässigungen sich oft schwer rächen, sowohl durch Erhöhung der Betriebskosten als namentlich durch die mangelhaften Anlagen anhaftenden, von Laien meist unterschätzten Gefahren.

Der Inhalt des Buches schließt sich dem Taschenbuch für Monteure elektrischer Beleuchtungsanlagen[1]) an,

---

[1]) Verlag von R. Oldenbourg, München.

indem einzelne Abhandlungen auszugsweise wiedergegeben oder in einer für den Laien erforderlichen Weise erweitert worden sind. Im Gegensatz zu genanntem Taschenbuch sind Anleitungen für das Herstellen der Einrichtungen im allgemeinen vermieden. Ausnahmen sind nur gemacht, soweit damit Anleitung zum Beseitigen kleiner Störungen bezweckt ist.

Hamburg, 11. Februar 1900.

Vorwort zur neunten Auflage.

Das Neubearbeiten des Buchinhalts war auch diesmal von dem Bestreben geleitet, die fachunkundigen Auftraggeber für elektrische Einrichtungen und die Besitzer solcher Anlagen mit den Grundsätzen für das Beschaffen und Instandhalten der Einrichtungsteile vertraut zu machen. Das dazu erwünschte Berichtigen der Preisangaben in der vorausgegangenen Auflage wurde durchgeführt, soweit es bei der fortbestehenden unsicheren Preisbildung möglich war. Wenn auch den neu aufgenommenen Preisen lang dauernde Gültigkeit nicht zugesprochen werden kann, so ermöglichen sie doch vorerst Kostenschätzungen [innerhalb der durch die [obwaltenden Verhältnisse gesteckten weiten Grenzen.

Von den im technischen Teil vorgenommenen Änderungen sei das Wesentlichere erwähnt. Eine kurze Anleitung zum Bestimmen der Lichtstärke für einzurichtende Glühlichtbeleuchtung und zum zweckentsprechenden Anordnen der Lampen wurde eingefügt. Die Grundsätze für das Beschaffen der Lampenträger sind im Anschluß an Abbildungen empfehlenswerter Lampen erörtert. In Verbindung mit Hinweisen auf wirtschaftliche Ausnutzung der Lampen ist auf die zufolge der Kohlenknappheit

Vorwort.

notwendige Einschränkung der Beleuchtung aufmerksam gemacht. Die Abhandlungen über Motorbetrieb wurden durch Abbildungen von Motoren offener und gekapselter Bauart erweitert, an denen gezeigt ist, wie die Motorbauart den örtlichen Verhältnissen angepaßt werden muß. Um Betriebsstörungen vorzubeugen, wurden die auch von Laien leicht wahrnehmbaren Anzeichen für Fehler an elektrischen Maschinen aufgezählt. Da beim Anschluß an Wechselstromnetze für manche Zwecke Gleichstrom erwünscht ist, so wurde eine kurze Beschreibung des Quecksilberdampf-Gleichrichters aufgenommen.

Ein Anwachsen des Buchumfangs wurde trotz der vielen Ergänzungen vermieden, indem weniger Wichtiges aus der vorausgegangenen Auflage gekürzt oder gestrichen werden konnte, wie es unter anderem bei den Abhandlungen über die im Vergleich zur Glühlichtbeleuchtung zurücktretenden Bogenlampen und bei den für Laien nur in den Grundzügen erwünschten Erläuterungen über elektrische Schaltungen zulässig war.

Hamburg, im Dezember 1919.

v. Gaisberg.

Inhaltsverzeichnis.

Winke für das Einrichten und Instandhalten elektrischer Anlagen.

	Seite
1. Vorzüge der Versorgung mit elektrischem Strom	1
2. Betriebskosten	2
a) Lichtbetrieb	3
b) Kraftbetrieb	5
c) Anderweitige Stromausnutzung für Kochen, Heizen usw.	6
3. Anschaffungskosten	7
4. Vorbereiten elektrischer Stromversorgung bei Bauarbeiten	8
5. Einrichten elektrischer Stromversorgung	11
a) Beim Vorhandensein der Leitungsanlagen	11
b) Beim Vorhandensein nur der Leitungsschutzrohre	12
6. Herstellen von Leitungsanlagen in bewohnten Räumen	12
7. Überlegungen vor dem Auftragerteilen	13
8. Entscheidung, ob eigene Stromerzeugung oder Anschluß an ein Elektrizitätswerk	15
9. Wahl der Stromart	15
10. Wahl der Spannung	16
11. Wahl der Lampen	17
12. Anordnen der Lampen	18
13. Lichtstärke	19
14. Sparsamkeit in der Beleuchtung	20
15. Plan beim Entwerfen von Anlagen	21
16. Plan der fertigen Leitungsanlage	25
17. Schaltbilder für Einrichtungsteile	25
18. Kostenanschlag	25
19. Gewähr für gute Lieferung	27
20. Ersatzstoffe	27
21. Auftragerteilung	28
22. Auspacken der Einrichtungsgegenstände	29
23. Beaufsichtigung der Arbeiten	30
24. Hilfeleistung bei den Aufstellungsarbeiten	30
25. Abnahme der fertigen Anlage	30

Inhaltsverzeichnis.

26. Ersatzteile 32
27. Nachbestellungen 32
28. Handhaben der Einrichtungen durch Fachunkundige ... 33
29. Notwendigkeit zeitweiser Untersuchung der Anlagen ... 33
30. Maßnahmen für das Untersuchen und Instandhalten der Anlagen 34
31. Umbau und Instandsetzen von Anlagen 37
32. Verwerten elektrischer Einrichtungsteile beim Wohnungswechsel 38

Erläuterungen.

33. Elektrische Strömung 40
34. Stromstärke 40
35. Spannung 41
   a) Niederspannungsanlagen 41
   b) Hochspannungsanlagen 41
36. Leitungswiderstand 41
37. Isolationswiderstand 42
38. Verbrauch und Leistung 42
39. Elektrische Arbeit 42
40. Elektrizitätsmenge 43
41. Anforderungen an die Stromleitungen 43
42. Isolationsprüfung 44
43. Stromrichtung und Klemmenbezeichnung 45
44. Gleichstrom 46
45. Wechselstrom 46
46. Lampenschaltung 47
   a) Parallelschaltung 47
   b) Hintereinanderschaltung 47

Maschinen.

47. Kraftmaschinen für Stromerzeugerantrieb 48
48. Aufstellen der Maschinen 48
49. Stromerzeugende Maschine (Generator) 49
   a) Gleichstrommaschine 49
   b) Wechselstrommaschine 50
50. Elektromotor 50
   a) Gleichstrommotor 50
   b) Wechselstrommotor 52
   c) Bauart der Elektromotoren 55
   d) Anordnen des Antriebes der Arbeitsmaschinen ... 57
51. Normalien für die Maschinenleistung 59
52. Leistungsschild 59
   a) Dauerbetrieb 60
   b) Kurzzeitiger Betrieb 60
53. Instandhalten der elektrischen Maschinen 61
   a) Reinigen 62

Inhaltsverzeichnis.

	Seite
b) Kommutator und Schleifringe	62
c) Bürsten	63
d) Ölen	65
e) Riemen	66
54. Anzeichen für Fehler an Maschinen	66
55. Abhilfe bei Betriebstörungen	66

Transformator, Motorgenerator, Umformer.

56. Allgemeines 68
57. Transformator 69
58. Motorgenerator 70
59. Einankerumformer 70
60. Quecksilberdampf-Gleichrichter 71

Akkumulatoren.

61. Allgemeines 72
    a) Bleiakkumulator 72
    b) Edison-Akkumulator 73
62. Akkumulatorenraum 73
63. Zellenschalter 74
64. Laden der Akkumulatoren 75
65. Entladen der Akkumulatoren 75
66. Instandhalten der Akkumulatoren 76
67. Kleine ortsveränderliche Akkumulatoren . 77
68. Vorsichtsmaßnahmen 78

Beleuchtung.

69. Leuchtmittelsteuer 79

Bogenlampen.

70. Lichtstrahlung 79
71. Lampenarten 79
    a) Reinkohlelampen mit freiem Luftzutritt ... 80
    b) Lampen mit eingeschlossenem Lichtbogen ... 80
    c) Flammenbogenlampen 80
72. Lampenglocken 81
73. Brenndauer der Lampen 81
74. Lampenspannung 81
75. Kohlestifte 82
76. Regelwerk 82
77. Aufhängevorrichtungen 82
78. Aufhängehöhe 83
79. Lampenbedienung 83
80. Maßnahmen beim Versagen von Lampen .. 84

Inhaltsverzeichnis. IX

Glühlampen.

81. Lichtstärke 84
82. Betriebsbedingungen für Glühlampen 85
83. Kohlefadenlampen 85
84. Metalldrahtlampen 85
   a) Lampen mit Luftleere 85
   b) Lampen mit Edelgas-Füllung 86
85. Lampenbezeichnung 86
86. Nutzbrenndauer der Glühlampen 87
87. Betriebskosten der Lampen 87
88. Messen des Verbrauchs der Lampen 88
89. Lampenfassung 89
90. Lampenträger 91
91. Lampenschirme und -glocken 93
92. Lampenschaltungen 94
93. Reinigen der Lampen 95
94. Ursachen für das Erlöschen der Lampen und Abhilfe . 95
95. Auftrag für Lampenlieferung 95
96. Untersuchen eingehender Lampensendungen 96

Anderweitige Stromverbraucher.

97. Heiz- und Kocheinrichtungen 96
   a) Bügeleisen 97
   b) Kocheinrichtungen 97
   c) Elektrische Heizung für Obst- und Gemüsedarren . . 98
   d) Elektrische Öfen 99
   e) Elektrisch geheizte Fußwärmer, Teppiche, Kissen u. dgl. 99
98. Handhaben der Heiz- und Kocheinrichtungen 99
99. Verbinden elektrischer Wärmeeinrichtungen mit dem Leitungsnetz 100
100. Elektromotorisch angetriebene Gebrauchsgegenstände . . 102
101. Auftrag für Lieferungen 102

Schalt- und Meßeinrichtungen.

102. Verteilungstafel 103
103. Schmelzsicherungen 104
104. Ersatz durchgeschmolzener Sicherungen 107
105. Schalter 108
106. Leuchtfarbe für Schaltergriffe 110
107. Anschlußdosen 110
108. Anlasser für Elektromotoren 112
109. Regelwiderstand 113
110. Stromzeiger 114
111. Spannungszeiger 114
112. Elektrizitätszähler 114
   a) Zeitzähler 115
   b) Doppeltarifzähler 115

X   Inhaltsverzeichnis.

Seite
  c) Selbstkassierender Zähler 115
  d) Höchststromanzeiger 116
  e) Überlastungsschalter (Strombegrenzer) 116
113. Ablesen der Elektrizitätszähler 116
114. Prüfen der Elektrizitätszähler 118

Leitungen.

115. Herstellen der Leitungsanlagen 119
116. Leitungssysteme 120
  a) Zweileitersystem 120
  b) Dreileitersystem 120
  c) Drehstromsystem 121
117. Anschluß an Versorgungsnetze 121
118. Leitungsquerschnitt 123
119. Leitungsart 124
  a) Blanke Leitungen 124
  b) Isolierte Leitungen 124
120. Kennfaden 124
121. Isolierung und Befestigung der Leitungen 125
  a) Isolierglocken 125
  b) Isolierrollen 125
  c) Rohre 125
  d) Leitungsführungen durch Wände und Decken 127
122. Leitungsverbindungen 127
123. Fehler in den Leitungen 127
  a) Leitungsunterbrechung 128
  b) Erdschluß 128
  c) Kurzschluß 129

Vorsichtsmaßregeln.

124. Gefahr durch die Höhe der Spannung 130
125. Für Unberufene verschlossene Räume 131
126. Hilfeleistung bei Unfällen durch Stromwirkung 131
127. Behandlung Bewußtloser 131

Winke für das Einrichten und Instandhalten elektrischer Anlagen.

1. **Die Vorzüge der Versorgung mit elektrischem Strom,** im Vergleich zu anderen Licht- und Kraftquellen, bestehen in der vielseitigen Ausnutzbarkeit der Stromentnahme und im ebenso bequemen wie wirtschaftlichen Betrieb. Bei verläßlicher Ausführung und Instandhaltung der Leitungsanlagen mit Zubehör sind Betriebs- und Feuersicherheit gewährleistet. Da in den Städten fast überall und auf dem Lande mit immer seltener werdenden Ausnahmen Strom bezogen werden kann, so kommt die für den Verbraucher lästige eigene Stromerzeugung selten in Frage. In den meisten Fällen steht elektrischer Strom in beliebiger Menge für Licht- und Kraftbetrieb, Koch- und Heizzwecke, elektrochemische Verwendung usw. zur Verfügung.

Elektrische Beleuchtung kann in der Lichtstärke und Lichtfarbe den verschiedenartigen Anforderungen leichter angepaßt werden, als jede andere Beleuchtungsart. Die Lampen können so gewählt werden, daß gerade die notwendige Beleuchtungsstärke vorhanden ist und Vergeudung vermieden wird. Außerdem ist sparsame Stromentnahme durch das mühelose Ein- und Ausschalten möglich. Lampenträger stehen in einfacher Ausführung bis zu reicher Ausstattung zur Wahl, so daß die Lampen den Einrichtungsgegenständen in zweckentsprechender Weise angegliedert werden können.

Elektromotoren passen sich im Verbrauch weitergehend der Kraftleistung an als andere Kraftmaschinen, so daß auch bei Schwankungen in der Beanspruchung der Maschinen die Wirtschaftlichkeit des Betriebes angemessen gut ist. Der im Vergleich zur Leistung kleine Elektromotor läßt sich überall leicht einbauen, an kleinen Arbeitsgeräten, an Kücheneinrichtungen, Nähmaschinen u. dgl. ebenso leicht, wie an großen Arbeitsmaschinen in Fabriken. Sauberkeit im Betriebe ist mit kleinen Mühen bei der Wartung erreichbar. Das Handhaben des elektromotorischen Antriebs wird dadurch erleichtert, daß die Vorrichtungen zum Ingangsetzen und Abstellen des Motors nicht beim Motor angebracht sein müssen. Demzufolge läßt sich der Betrieb von der am bequemsten gelegenen Stelle aus regeln, wie es für das Bedienen mancher Arbeitsmaschinen, z. B. von Druckereipressen, wichtig ist und insbesondere auch rasches Abstellen bei Betriebsstörungen ermöglicht.

Für Heiz- und Kochzwecke leistet elektrischer Betrieb bei kurzzeitiger Verwendung schon bei den üblichen Lichtstrom-Preisen wertvolle Dienste. Unter anderem handelt es sich dabei um das Anwärmen kleiner Wassermengen oder um den Betrieb von Bügeleisen, Brennscheren, Heizkissen u. dgl. unter Stromentnahme aus den in den Zimmern vorhandenen Anschlußdosen. Langdauernde Stromentnahme für Kochherdbetrieb, für Heiz- und Schmelzeinrichtungen im Gewerbe- und Fabrikbetrieb oder dergl. erfordert niedrigen Strompreis, wenn sich genügende Wirtschaftlichkeit ergeben soll.

Ein Aufzählen aller Verwendungsmöglichkeiten der Stromentnahme würde zu weit führen. Erinnert sei nur noch an die vielseitige Ausnutzung des elektrischen Stromes für ärztliche Zwecke und an die ausgedehnte Verwendung in der kleinsten Werkstatt bis zum Hüttenbetrieb für elektrochemische Zwecke, Schmelzverfahren u. dgl. mehr.

Bei der Mannigfaltigkeit der Möglichkeiten zum Erreichen eines bestimmten Zwecks ist zur Ausnutzung der Vorzüge elektrischer Einrichtungen fachkundiger Rat für Neuanschaffungen unentbehrlich.

2. Betriebskosten. Ausschlaggebend für das Einrichten elektrischer Licht- und Kraftbetriebe sind neben ihren vorerwähnten Eigenschaften die Betriebskosten. Sie wurden

Betriebskosten.

für die gebräuchlichen Anwendungen unter Annahme verschiedener Strompreise in den folgenden Tabellen zusammengestellt. Zum Vergleich dienen Tabellen über die Kosten der Gasbeleuchtung und des Betriebs von Gasmotoren. Die mit eingerechneten Kosten für den Lampenverbrauch und den Verbrauch an Motor-Schmieröl, sowie für Bedienung wurden der bestehenden Preislage tunlichst angepaßt.

Handelt es sich um das selten vorkommende Errichten eigener, wenig umfangreicher Stromerzeugung, so kann man die Selbstkosten schätzen bei Lichtbetrieb die Kilowattstunde nicht unter M. 1.— und bei Kraftbetrieb, mit lange dauernder Durchschnittsbelastung, nicht unter 50 Pf. An Hand dieser Annahmen lassen sich die Kosten für den Betrieb der Lampen und Motoren aus den Tabellen ermitteln.

a) **Lichtbetrieb.** Die Tabellenwerte enthalten die Kosten für elektrischen Verbrauch, Ersatz der Glühlampen und Kohlestifte, sowie für Bedienen und Instandhalten.

Nicht inbegriffen sind die Abschreibung der Aufwendungen für die Leitungsanlagen nebst Glühlichtkronen und Bogenlampen. Diese Unterlassung sei damit begründet, daß die Einrichtungskosten durch die Ausdehnung der Leitungsanlagen und die Ausführungsart weit voneinander abweichen. Zudem sind die Einrichtungskosten für elektrische und Gasbeleuchtung ungefähr gleichgroß, so daß auch in dieser Hinsicht ein Vergleich sich erübrigt.

Gesamtkosten für 1 Betriebsstunde in Pfennig.

Verbrauch (Watt) W	Angenähert Lichtstärke (Hefnerkerzen) HK	Preis für 1 Kilowattstunde			
		30	60	100	120 Pf.
Kohlefaden-Glühlampen					
20	5	0,8	1,4	2,2	2,6
35	10	1,3	2,4	3,7	4,4
55	16	1,8	3,5	5,7	6,8
90	25	3,0	5,6	9,2	11,0
110	32	3,5	6,8	11,2	13,4

Einrichten und Instandhalten elektrischer Anlagen.

Gesamtkosten für 1 Betriebsstunde in Pfennig.

Verbrauch (Watt) W	Angenähert Lichtstärke (Hefnerkerzen) HK	Preis für 1 Kilowattstunde			
		30	60	100	120 Pf.

Metalldrahtlampen mit Luftleere.

8	5	0,6	0,9	1,2	1,3
15	10	0,9	1,3	2,0	2,2
20	16	1,0	1,6	2,4	2,8
30	25	1,3	2,2	3,4	4,0
35	32	1,6	2,6	4,0	4,7
55	50	2,1	4,0	6,1	7,2
100	100	3,6	6,6	10,6	12,6

Metalldrahtlampen mit Gasfüllung.

25	30	1,4	2,0	3,0	3,5
40	50	2,0	3,2	4,8	5,6
60	70	2,6	4,4	6,8	8,0
75	100	3,5	5,8	8,8	10
100	150	4,8	7,8	12	14
200	300	9,5	16	24	28
500	900	20	35	55	65
1000	2000	39	69	109	129
1500	3000	55	100	160	310

Bogenlampen.

Gleichstrom-Reinkohlelampen.

600	1000	28	46	70	82

Flammenbogenlampen.

400	1000	27	39	55	63
500	2000	30	45	65	75
600	3000	33	51	75	87

Gasglühlicht.

Lichtstärke (Hefnerkerzen) HK	Preis für 1 cbm Gas				
	15	20	25	30	40 Pf.

Stehender Gasglühstrumpf.

60	2,0	2,5	3,0	3,5	4,7

Betriebskosten.

Gesamtkosten für 1 Betriebsstunde in Pfennig.

Lichtstärke Hefnerkerzen) HK	Preis für 1 cbm Gas				
	15	20	25	30	40 Pf.
Hängender Gasglühstrumpf.					
80	1,8	2,4	2,9	3,4	4,6
Preßgas.					
2000	25	30	35	40	50

b) Kraftbetrieb. Nach gleichen Grundsätzen wie oben sind in den folgenden Tabellen die Kosten des Verbrauchs, der Bedienung und Instandhaltung der Kraftmaschinen berechnet. Die angegebenen Werte beziehen sich auf Vollbelastung der Motoren. Diese Zahlen sind für den Elektromotor im Vergleich zum Gasmotor ungünstig, es muß aber berücksichtigt werden, daß der Verbrauch des Elektromotors bei Zu- und Abnahme der Belastung in angenähert gleichem Verhältnis zu- und abnimmt, wogegen sich die Betriebskosten des Gasmotors bei abnehmender Belastung verhältnismäßig wenig verringern Dazu kommt das bequeme An- und Abstellen des Elektromotors und die auch hiermit verbundene große Ersparnis an Verbrauchskosten.

Die Tabellen für Gasmotoren dienen nicht nur zum Vergleich mit den Betriebskosten des Elektromotors, sie geben auch Anhalt für die Kosten eigener Stromerzeugung, wenn die Kraftmaschinen zum Betrieb elektrischer Stromerzeuger benutzt werden. Zum Anhalt bei dahingehender Kostenschätzung sei erwähnt, daß mit einer Pferdestärke oder 0,736 Kilowatt, die an der Welle einer Kraftmaschine als Leistung zur Verfügung stehen, bei kleinen Anlagen 600 Watt erzeugt werden, also angenähert 10 Metalldrahtlampen von 50 Kerzen oder 20 Lampen von 25 Kerzen sich betreiben lassen.

Einrichten und Instandhalten elektrischer Anlagen.

Gesamtkosten der Betriebsstunde in Pfennig.
Elektromotor.

Leistung, angenähert		Preis für eine Kilowattstunde		
Kilowatt kW	Pferdestärken PS	20	50	75 Pf.
0,09	$1/8$	3	7	11
0,2	$1/4$	5	12	19
0,4	$1/2$	10	25	37
0,736	1	18	46	69
1	$1 1/2$	24	60	90
1,5	2	34	85	128
2,2	3	52	130	195
3	4	66	165	247
4,5	6	100	250	375
6	8	134	335	502
7	10	156	390	585
15	20	340	850	1275

Gasmotor.

		Preis für 1 cbm Gas		
		15	30	40 Pf.
1,5	2	25	42	55
4,5	6	70	130	150
7	10	90	180	235
15	20	160	310	420

c) **Anderweitiges Ausnutzen des elektrischen Stromes.** Umfangreicher Betrieb von Heiz- und Kocheinrichtungen ist nur bei niedrigen Strompreisen wirtschaftlich. Dagegen können für kurzzeitiges Benutzen bestimmte, kleine Geräte sehr wohl auch im Anschluß an Lichtnetze bei dem hierfür geltenden höheren Strompreis benutzt werden, wenn das Legen gesonderter Leitungen für sog. Kraftstromentnahme sich nicht lohnt oder Schwierigkeiten verursacht. Als Beispiel sei ein für Schlafzimmer geeigneter kleiner Kocher gedacht, der 200 Watt verbraucht; sein stündlicher Betrieb kostet, bei einem Strompreis von M. 1.— die kWh, 0,2 kWh · 100 = 20 Pf. Zum Anwärmen einer kleinen Wassermenge, etwa zum Rasieren,

Anschaffungskosten.

sind höchstens zwei Minuten nötig, so daß einmaliges Benutzen des Kochers 0,6 Pf. kostet. Um den Anschluß der Stromverbraucher an Licht- und Kraftnetze zu berücksichtigen, wurden in der Tabelle Strompreise von 20—120 Pf. die Kilowattstunde angenommen.

Verbrauchskosten verschiedener Einrichtungsgegenstände in Pfennig.

	Preis für 1 Kilowattstunde					
	20	30	50	75	100	120 Pf.
1 l Wasser von Zimmertemperatur zum Sieden bringen	2,3	3,6	5,3	8,6	11	13
1 kg Rindfleisch kochen	4,2	6,3	10,5	16,0	21	25
1 Brennschere erhitzen	0,14	0,2	0,4	0,5	0,7	0,8
Stündliche Kosten für:						
Ununterbrochenes Bügeln	7,2	10,8	18,0	27	36	43
Fußwärmer	1,0	1,5	2,5	4	5	6
Entstaubungsmaschine mit 0,4 kW (1/2 PS) Motor	10	15	25	37	50	60

3. Anschaffungskosten. Zum Zweck rohen Kostenüberschlags für das Beschaffen der Leitungsanlagen, Maschinen, Lampen und Geräte wurden die nachstehenden Zahlenwerte der bestehenden Preislage tunlichst angepaßt. Bindendes Veranschlagen ist nur durch einen Sachverständigen unter Berücksichtigung der obwaltenden Verhältnisse möglich. Selbst solche Veranschlagung wird bei langfristiger Lieferzeit unsicher, wenn von der Fabrik Vorbehalte für mögliche Preissteigerung bis zur Zeit der Ablieferung gemacht werden.

Leitungsanlage ohne Lampen und Lampenträger, im übrigen betriebsfertig. Für die anzubringende Glühlampe, bis 50 Watt Verbrauch, rechnet man Für wesentlich größere Lampen ist der Einheitssatz höher.	M. 50—150

8 Einrichten und Instandhalten elektrischer Anlagen.

Lampenträger, Glühlichtkronen und Tischlampen schwanken in den Kosten je nach Ausstattung. Im allgemeinen kann man für die Lampe rechnen .	M. 40—100
Glühlampen einschließlich der von der Lampenart und dem Verbrauch abhängigen Leuchtmittelsteuer:	
a) Kohlefadenlampen in Birnenform von 5—32 Kerzen, das Stück	„ 2—4
b) Metalldrahtlampen mit Luftleere, in Birnenform von 5—50 Kerzen	„ 4—6
c) Metalldrahtlampen mit Gasfüllung für 40 bis 1500 Watt Verbrauch, 50—3000 Kerzen . .	„ 5—100
Bogenlampen:	
a) für Reinkohle, je nach Brenndauer und Lichtstärke	„ 150—200
zugehörige Kohlestifte, stündlicher Verbrauch	10 Pf.
b) für Effektkohle (Flammenbogenlampen) . .	„ 200—300
zugehörige Kohlestifte, stündlicher Verbrauch	15 Pf.
Bügeleisen für den Gebrauch im Haushalt	„ 50—60
Brennscherenwärmer	„ 20
Fußwärmer	„ 30
Elektrischer Wasserkocher für $^1/_4$ l Inhalt	„ 40
„ „ „ 1 l „	„ 60
Elektrische Kücheneinrichtung ohne Leitungsanlage für einen Haushalt mit 3 Personen	„ 500—1000
Entstaubungsmaschine, ortsveränderlich mit 0,4 kW ($^1/_2$ PS) Motor	„ 1500

Elektromotoren. Die Preise sind verschieden je nach Umlaufzahl, Stromart und Spannung, so daß nachstehende zusammenfassende Kostenaufgabe nur Durchschnittswerte enthalten kann.

Leistung:	0,2	0,4	0,7	1,5	2,2	3	4,5	6	7	15 kW
	$^1/_4$	$^1/_2$	1	2	3	4	6	8	10	20 PS
Preis:	300	450	750	1200	1700	2000	2500	3000	3500	5000 M.

In gleichem Sinne wurden die folgenden Preise für Gasmotoren angegeben für fertiges Aufstellen ohne die Kosten des Fundaments.

Gasmotoren.

Leistung:	1,5	4,5	6	7	15 kW
	2	6	8	10	20 PS
Preis:	7000	14 000	16 000	18 000	28 000 M.

4. Vorbereiten elektrischer Stromversorgung bei Bauarbeiten. Beim Errichten und Umbau von Häusern sollte auf elektrische Stromversorgung Bedacht genommen werden, selbst wenn die Entnahme von elektrischem Strom zunächst nicht in Aussicht steht. Insbesondere gilt das für Gebäude, die aus einem vorhandenen oder in nicht zu ferner Zeit zu errichtenden Stromversorgungsnetz Zuleitungen erhalten können. Dahingehende Maßnahmen sind vor allem auch für Miethäuser zu empfehlen, weil die Mieter selten geneigt sind, diejenigen Teile der elektrischen Einrichtung, die mit dem Hause fest verbunden bleiben, auf eigene Rechnung zu beschaffen. Am zweckmäßigsten wird die ganze Leitungsanlage betriebsfertig hergestellt ohne die zur Wohnungseinrichtung gehörigen Lampenträger und Lampen, die vom Mieter mitgebracht oder beschafft werden müssen.

Über die bei Bauarbeiten in dieser Hinsicht zu empfehlenden Maßnahmen wurden vom Verband Deutscher Elektrotechniker für Architekten und Bauherren bestimmte Leitsätze [1]) aufgestellt, die in nachstehenden Ausführungen verwertet sind.

Vorbereiten muß man in erster Linie Plätze für das Einführen der Stromleitungen in das Gebäude für das Aufstellen eines oder mehrerer Elektrizitätszähler, sowie für das Hochführen der Hauptversorgungsleitungen im Gebäude. Sollte für einen neben der Leitungseinführung in das Gebäude anzubringenden Elektrizitätszähler und für die zugehörige Schalttafel kein Raum auf der Wandfläche verfügbar sein, so muß eine Mauernische ausgespart werden. Aussparungen zum Hochführen der Hauptversorgungsleitungen durch die Stockwerke sind notwendig, wenn man nicht das Einbetten von Leitungsschutzrohren in den Mauerputz, ebenfalls während der Rohbauarbeiten, vorzieht oder die Leitungsschutzrohre offen auf den fertigen Mauerputz legen will. In Wohnräumen sollte das Rohrnetz für die Leitungsverzweigung gelegentlich der Rohbauarbeiten in den Mauerputz und die Decken eingebettet werden. Für untergeordnete Räume genügt das Legen der Leitungsschutzrohre auf den Mauerputz. Das Aussparen von Nischen zum Unterbringen der in den Stockwerken erforderlichen Schalttafeln und der Elektrizitätszähler für die Wohnungen darf nicht vergessen werden, damit

---

[1]) Leitsätze für die Herstellung und Errichtung von Gebäuden bezüglich Versorgung mit Elektrizität. Verlag von Julius Springer, Berlin.

diese Teile nicht später auf den Wandflächen angebracht werden müssen und zu viel anderweitig verwertbaren Raum einnehmen. Am bedeutsamsten sind solche Vorarbeiten für elektrische Einrichtungen in Eisenbeton-Bauten. Hier können Mauernischen für die Leitungsführung, für Schalttafeln und Elektrizitätszähler beim Zimmern der Verschalung für das Herstellen der Betonwände vorgesehen, auch feuchtigkeitsbeständige Dübel für das Befestigen der Leitungsführung und der Lampenträger an der Verschalung mit Drahtstiften angeheftet und mit einbetoniert werden. Für Leitungen, die die Wände und Decken durchqueren, sollten genügend weite Eisenrohre in den Beton eingelegt werden, um später Bohrarbeiten am fertigen Eisenbeton zu vermeiden. Die Eisenrohre nehme man so weit, daß sich Isolierrohre für die Leitungsführung hindurchschieben lassen.

Rohrwege in der Mauer sollten in den Rohrweiten, in der Zahl der nebeneinander geführten Rohre und hinsichtlich der mitzuverlegenden Abzweigdosen so reichlich genommen werden, daß das Leitungseinziehen keine Schwierigkeiten bietet. Vor allem gilt das für Rohre, die dicke schwer biegsame Hauptleitungen, etwa die Steigleitungen für Stockwerks-Wohnungen, aufzunehmen haben.

Für Licht- und Kraftzwecke sind von den Anschlußstellen aus getrennte Leitungen notwendig, weil bei gemeinsamen Leitungen die mit dem Zu- und Abschalten von Motoren verbundenen Spannungsschwankungen für den Lichtbetrieb störend sein würden.

Hat das Elektrizitätswerk zwei Stromtarife, einen teuren für Beleuchtungs- und einen billigeren für anderweitige Zwecke, Motorenbetrieb oder Heizung, so muß man erwägen, ob so viel Strom für Zwecke letzterer Art gebraucht wird, daß sich das Aufstellen von zwei Elektrizitätszählern und das Herstellen zugehöriger getrennter Leitungsnetze lohnt.

Wird beim Neu- oder Umbau eines Hauses das Herstellen elektrischer Anlagen in bezeichneter Weise vorbereitet, so ergibt sich im Vergleich zu dem andernfalls später notwendigen Aufstemmen von Wänden und Decken eine große Kostenersparnis. Dazu kommt, daß Stemmarbeiten in bewohnten Häusern eine schwer zu ertragende Störung von Ruhe und Reinlichkeit einschließen. Sind die

Leitungswege genügend vorbereitet, so kann das Legen der Leitungen alsbald nach dem Austrocknen des Baues oder später zu jeder Zeit ohne viel Mühe und Zeitaufwand geschehen. Das Legen der Leitungen vor dem Austrocknen des Mauerwerks gefährdet den Isolationszustand der Anlage.

Sollen die Vorbereitungen für spätere Stromversorgung eines Gebäudes von Nutzen sein, so hört man zweckmäßig einen Sachverständigen wegen der auszuführenden Arbeiten. Nachdem das geschehen ist, müssen die Arbeiten planmäßig ausgeführt werden, am besten unter Überwachung durch den Sachverständigen. Anderenfalls ist zu befürchten, daß selbst weitgehende, aber nicht mit genügendem Vorbedacht getroffene Maßnahmen für spätere Durchführung der Stromversorgung nicht oder nur teilweise verwertbar sind. Es entstehen dann abermals Unkosten, verbunden mit Ruhestörungen infolge des Aufstemmens und Wiederverputzens von Wänden und Decken. Über die für spätere Stromversorgung getroffenen Maßnahmen muß ein genauer Plan unter Angabe der verdeckten Leitungsschutzrohre und der Abzweigdosen angefertigt werden, damit diese Teile aufgefunden werden können, auch wenn man die Stromversorgung erst nach Jahren einrichten läßt.

5. Einrichten elektrischer Stromversorgung. Bei Neuanlagen sollten alle Einrichtungsteile so bemessen werden, daß das selten ausbleibende Hinzukommen weiteren Stromverbrauchs möglich ist. Die Leitungsquerschnitte müssen zu diesem Zweck genügend groß und die Stromkreisbelastungen so genommen werden, daß weitere Lampen angeschlossen werden können.

Sind in einem Gebäude Teile der Einrichtung vorhanden, so beachte man folgendes:

a) **Beim Vorhandensein der Leitungsanlage.** Sind die Leitungen nebst Sicherungstafeln und Schaltern eingebaut, wie es für vermietete Wohn- und Geschäftsräume meist zutrifft, so handelt es sich in der Hauptsache nur um das Verbinden der Lampen und übrigen Stromverbraucher mit dem Leitungsnetz. Fehlt an einzelnen Stellen die gewünschte Anschlußmöglichkeit, so kann die Leitungsanlage ergänzt werden. Dabei muß man sich in besser ausgestatteten Räumen bemühen, die Leitungsschutzrohre oder Rohrdrähte wenig sichtbar, etwa auf den Fußleisten oder den Gesimsen entlang, zu legen. Nachträgliches Leitungslegen an der Decke besser ausgestatteter Räume sollte man vermeiden, indem man sich mit den bestehenden Anschlußstellen begnügt.

b) Beim Vorhandensein nur der Leitungsschutzrohre. Liegen nur die Leitungsschutzrohre, so muß man, außer den unter a) bezeichneten Arbeiten, die Leitungen einziehen und die Sicherungstafeln und die Schalter anbringen. In gut ausgestatteten Räumen erfordert das Leitungseinziehen große Vorsicht, damit die Tapete neben den meist in die Wand eingelassenen Abzweigdosen und die Decke an den Rohrausmündungen für den Anschluß der Hängelampen nicht beschädigt wird.

Mit den Arbeiten wird am besten der gleiche Unternehmer betraut, der die vorhandenen Teile der Anlage ausgeführt hat, weil er über die Einzelheiten unterrichtet, vielleicht sogar in der Lage ist, die gleichen Arbeiter zu stellen, die früher dort gearbeitet haben.

6. **Herstellen von Leitungsanlagen in bewohnten Räumen** verursacht wegen der unvermeidlichen Stemmarbeiten an Wänden und Decken größere Störungen als wenn die Leitungen oder Leitungsschutzrohre vorhanden sind (vgl. 5). Vor Inangriffnahme der Arbeiten muß untersucht werden, wie die Leitungen zweckmäßig zugeführt und wo die Schalter, Sicherungstafeln und der Zähler am besten angebracht werden. Ob man die Leitungen auf die Mauer oder in die Mauer legen soll, ist davon abhängig, wie weit Stemmarbeiten zulässig sind. Im allgemeinen wird man sich mit dem Leitungslegen auf den Mauerputz begnügen. In gut ausgestatteten Räumen werden dann am besten Rohr- oder Manteldrähte verwendet, die sich in wenig auffallender Weise anordnen lassen. Sollen Isolierrohre wegen ihrer größeren Widerstandsfähigkeit zum Leitungsschutz verwendet werden, so läßt sich auch damit trotz des größeren Durchmessers bei sorgfältiger Ausführung befriedigendes Aussehen erzielen.

Bei gemieteten Räumen muß mit dem Hauseigentümer verhandelt werden, um Einwilligung zum Einführen der

Überlegungen vor dem Auftragerteilen. 13

Leitungen in das Haus und zum etwa erforderlichen Legen der Steigleitungen im Treppenhaus oder an anderen für die allgemeine Benutzung freigegebenen Stellen zu erhalten. Dabei kann man meistens die Übernahme eines Kostenteils durch den Hauseigentümer beanspruchen, vor allem, wenn die Hauptleitungen so stark bemessen werden, daß sie sich für das Anschließen elektrischer Anlagen auch bei anderen Mietern eignen.

7. Überlegungen vor dem Auftragerteilen. Vor dem Erteilen des Auftrags zum Herstellen einer elektrischen Anlage mache man sich ein klares Bild über die bestehenden Wünsche, um dann erst mit Unternehmern wegen des Kostenvoranschlags zu verhandeln. Geschieht das nicht, so werden während der Arbeiten so viele Änderungen und Nachbestellungen notwendig, daß die Mehrarbeiten den Kostenvoranschlag gegenstandslos machen und beim Abrechnen unerquickliche Streitigkeiten zwischen dem Auftraggeber und dem Unternehmer verursachen können. Das ist in der Regel darauf zurückzuführen, daß, im Vergleich zu dem meist knappen Voranschlag, durch Nachbestellungen und Änderungen hohe Kosten entstehen. Sollen z. B. fertig angebrachte Leitungen und Apparate entfernt und durch neue ersetzt werden, so müssen die Arbeiter auf die neu erforderlichen Gegenstände häufig warten oder verlieren viel Zeit durch die zum Herbeischaffen der Teile zurückzulegenden Wege. Noch größere Verzögerungen und damit zusammenhängende Mehrkosten entstehen, wenn die erforderlichen Teile von auswärts bezogen werden müssen.

Die zum Zweck einer Auftragerteilung anzustrebende Vorausbestimmung der Lichtstellen ist leichter, wenn man die bis zur Einführung der elektrischen Beleuchtung benutzte anderweitige Beleuchtungsart in Vergleich ziehen oder sich ein Bild über die zu stellenden Forderungen durch Besichtigen vorhandener elektrischer Anlagen machen kann. Dabei kommt es weniger darauf an, die Lichtstärke der Lampen als deren Zahl und die Anbringstellen zu bestimmen. Die Wahl der Lichtstärke der Lampen kann man in den meist in Frage kommenden Grenzen bis nach Fertigstellung der Leitungsanlage vorbehalten; auch ist

14 Einrichten und Instandhalten elektrischer Anlagen.

bei Glühlichtbeleuchtung späteres Ändern in der Lichtstärke der Lampen leicht durchführbar.

Bei dem nur noch ausnahmsweise in Frage kommenden Beschaffen kleiner e i g e n e r Stromerzeugungsanlagen hüte man sich vor dem häufigen Fehler, die Kraft- und Stromerzeuger sowie die zugehörigen Akkumulatoren zu klein zu nehmen. In den meisten Fällen tritt sehr bald eine Erhöhung des Strombedarfs ein, der zum Überlasten zu knapp bemessener Einrichtungen führt und deren Dauerhaftigkeit gefährdet. Bei Akkumulatorenbetrieb kommt hinzu, daß die sonst durchführbare wirtschaftliche Betriebseinteilung durch Überlasten der Anlage erschwert und dadurch die Stromerzeugung verteuert wird. In Anlagen, bei denen später Erweiterungen in Aussicht stehen, empfiehlt es sich, Raum für das Aufstellen eines weiteren Maschinensatzes frei zu halten und Akkumulatoren am besten von Anfang an genügend groß zu nehmen oder zum mindesten deren Vergrößerung durch Verwenden größerer Akkumulatortröge vorzubereiten.

Ist das System der elektrischen Einrichtung durch den zu bewirkenden Anschluß an eine vorhandene Stromerzeugungsanlage nicht von vornherein bestimmt, so muß man sich über Stromart, Spannung und Leitungssystem entscheiden. Anhalte sind unter 9 und 10 gegeben.

Auf Grund der angedeuteten Überlegungen fordert man Unternehmer zum Einreichen von Kostenanschlägen und Plänen auf. Die Pläne können meist auf das Darstellen der Lampenverteilung beschränkt bleiben; Leitungspläne haben nur Zweck, wenn man sie entweder selbst beurteilen oder die Beurteilung durch einen Sachverständigen herbeiführen kann. Dagegen sind vor Inangriffnahme der Arbeiten Leitungspläne auch für einen nicht technisch gebildeten Besteller von Wert, wenn Aufschluß über die geplanten Leitungswege gewünscht wird.

Am besten gelingt es dem Auftraggeber, sich mit den Einzelheiten vertraut zu machen, wenn er selbst eine Planskizze über die Verteilung der Stromverbraucher anfertigt, wozu unter 15 die erforderliche Anleitung gegeben ist. Handelt es sich um schriftliches Auftragerteilen an auswärtige Unternehmer, so kann das Anfertigen von Planskizzen selten entbehrt werden.

8. Entscheidung, ob eigene Stromerzeugung oder Anschluß an ein Elektrizitätswerk. Bei der großen Ausdehnung der Versorgungsnetze wird das Einrichten eigener Stromerzeugung selten. Meistens ist der Strombezug aus einem allgemeinen Versorgungsnetz billiger, dazu kommt, daß die nie zu vermeidenden Widerwärtigkeiten beim Anstellen und Überwachen der Maschinenwärter wegfallen. Letzteres ist um so bedeutsamer, je weniger der Inhaber einer Anlage die Arbeiten der für den Betrieb einer Stromerzeugung notwendigen Maschinisten überwachen kann. Bei vorhandener eigener Stromerzeugung führen dahingehende Erwägungen meistens zum Einstellen des Betriebes, sobald Strombezug von einem Elektrizitätswerk möglich wird, oder wenigstens zur teilweisen Stromentnahme vom Elektrizitätswerk.

Beim Errichten eines eigenen Kraftwerkes beachte man, daß die Maschinengrößen nach der zu erwartenden Höchstbelastung, sog. Spitzenbelastung, bemessen werden müssen. Da die Höchstbelastung nur kurze Zeit anhält, so wird das Kraftwerk im Vergleich zur Stromabgabe groß und der Betrieb unwirtschaftlich. Die Möglichkeit, das Leitungsnetz später zu erweitern, ist von der Leistung des Kraftwerkes abhängig. Im Gegensatz dazu steht beim Anschluß an ein Elektrizitätswerk dem Erweitern der Leitungsanlage in der Regel nichts entgegen.

Kommt eigene Stromerzeugung oder Anschluß an ein Elektrizitätswerk in Frage, so müssen die Kosten eigener Stromerzeugung mit den Lieferbedingungen des Elektrizitätswerks verglichen werden, unter Einrechnung der Abschreibungskosten für den Anschluß an das Elektrizitätswerk. Dahingehende Berechnungen und Begutachtungen werden zweckmäßig einem unparteiischen Fachmann übertragen.

9. Wahl der Stromart. Besteht am Orte oder in der Nachbarschaft ein Elektrizitätswerk, so wählt man für eine eigene Stromerzeugungsanlage, wenn sie noch notwendig sein sollte, die gleiche Stromart. Hierdurch wird es möglich, daß bei Störungen in der eigenen Strom-

16 Einrichten und Instandhalten elektrischer Anlagen.

erzeugung oder, wenn man den eigenen Betrieb aufgibt, Strom vom Elektrizitätswerk entnommen werden kann, ohne die Leitungsanlage wesentlich zu ändern. Daneben hat man den Vorteil, daß die auch für die Anschlußanlagen des Elektrizitätswerkes brauchbaren Ersatzteile in reicherer Auswahl von den Unternehmern bereit gehalten werden.

Ist für die Wahl der Stromart keine der vorbezeichneten Rücksichten maßgebend, so wird man den einfacheren Gleichstrombetrieb bevorzugen, je nach Umständen mit oder ohne Akkumulatoren. Wechselstrom wird nur in Betracht kommen, wenn späterer Anschluß an ein mit Wechselstrom betriebenes Elektrizitätswerk in Aussicht stehen sollte. Das Einholen fachkundigen Rates ist für alle Fälle empfehlenswert.

10. Wahl der Spannung. Geschieht die Stromversorgung durch ein Elektrizitätswerk oder ist sie für später in Aussicht zu nehmen, so ist dadurch die zu wählende Spannung bestimmt. Trotzdem werden auch für diesen Fall die nachstehenden Erläuterungen über die Anwendung verschieden hoher Spannungen erwünscht sein.

Bei wenig ausgedehntem Leitungsnetz ist das Zweileitersystem (vgl. 116a) mit einer Spannung von rund 110 Volt wegen der einfachen Leitungsanordnung am zweckmäßigsten. Kleine Motoren für eine Leistung von etwa 70 Watt $= {}^1\!/_{10}$ Pferdestärke sind bei 110 Volt betriebssicherer als bei höherer Spannung.

Ausgedehnte Anlagen erfordern bei einer Spannung von 110 Volt im Zweileitersystem zu starke Leitungen. Es kann dann das Dreileitersystem (vgl. 116b) mit $2 \cdot 110 \cdot$ Volt Spannung genommen werden. Dabei bleiben die eingangs erwähnten Vorteile der Spannung von 110 Volt erhalten, indem diese Spannung zwischen je einem der Außenleiter und dem Mittelleiter verfügbar ist. Außerdem besteht zwischen den beiden Außenleitern die Spannung von 220 Volt, die für Motorbetrieb (abgesehen von den vorerwähnten ganz kleinen Motoren) Vorteile bietet.

Genügen auch $2 \cdot 110$ Volt wegen der dabei zu groß werdenden Leitungsquerschnitte nicht, so wird das Gleichstrom-Dreileitersystem mit $2 \cdot 220$ Volt Spannung oder das Drehstromsystem (vgl. 116c) mit 220 Volt Phasenspannung gewählt. Ferner kann das Drehstromsystem mit geerdetem vierten Leiter verwendet werden, meistens mit einer Spannung von 220 Volt zwischen je einer der drei Phasenleitungen und dem Nulleiter zum Lampenanschluß, und der zugehörigen Spannung von 380 Volt zwischen den Phasenleitungen zum Motoranschluß.

Über die bezeichneten Grenzen hinausgehende Spannungen sind für Lichtbetriebe selten. Eine Gleichstromspannung von rd. 550 Volt dient vornehmlich für Straßenbahn- und Kranbetrieb und nebenbei für zugehörige Beleuchtung. Die letztere Grenze übersteigende Spannungen werden für Wechselstrom-Übertragung auf große Entfernung benutzt, wobei man an den Verbrauchsstellen die hohe Spannung in eine für den Betrieb geeignete Spannung umwandelt.

Die Grenzen für die jeweilig zweckmäßigste Spannung lassen sich nur für vorliegende Verhältnisse auf Grund sachverständigen Rates bestimmen.

11. Wahl der Lampen. Die Entscheidung, ob Bogenlampen oder Glühlampen angewendet werden sollen, bietet geringere Schwierigkeit als die Bestimmung, welche von den beiden verfügbaren Lampenarten für den gedachten Zweck am geeignetsten ist.

Bogenlampen kommen in Frage für Beleuchtung im Freien und in großen Hallen mit Lichtquellen von 1000 bis 3000 Kerzen und mehr, außerdem für Sonderzwecke, wenn eine mit Bogenlampen am besten erreichbare Lichtwirkung verlangt wird, wenn Scheinwerfer betrieben werden sollen od. dgl. Die weiße, dem Tageslicht nahekommende Lichtfarbe der Reinkohlelampe und die weiße oder gelbe Lichtfarbe der Flammenbogenlampen können ohne Lichtverlust und unter größerer Wirtschaftlichkeit ausgenutzt werden, als es bei Glühlampen erreichbar ist. Im Vergleich zu Glühlicht ist aber der Aufwand für Lampenbedienung größer und es muß die nicht vollkommene Ruhe des Bogenlichts in den Kauf genommen werden. Außerdem kommt in Betracht, daß bei Bogenlichtbeleuchtung im allgemeinen zwei bis vier Lampen gleichzeitig in Betrieb genommen werden müssen, die Lampen somit nicht so unabhängig voneinander sind, wie bei Glühlichtbeleuchtung.

Glühlampen sind in den schwachen Lichtquellen vornehmlich für die Beleuchtung im Hause bestimmt. Sie genügen weitestgehenden Anforderungen an sparsame und zweckentsprechende Beleuchtung, indem sich die Lampen allen Einrichtungsgegenständen im Haushalt, sowie im Gewerbe- und Fabrikbetrieb anpassen lassen. Allgemeinbeleuchtung wird mit den ebenfalls in vielen Abstufungen vorhandenen Glühlampen höherer Leuchtkraft durchgeführt. Über die Einzelheiten ist unter 81—95 berichtet.

Als Starklichtquellen stehen Glühlampen (Halbwattlampen) in angenähert gleicher Leuchtkraft zur Verfügung wie Bogenlampen, sie haben aber größeren Verbrauch. Im Gegensatz zur Bogenlichtbeleuchtung besteht der Vorteil, daß jede Lampe unabhängig von der anderen benutzt werden kann und daß die Glühlampen wenig Bedienung erfordern. Das Wegfallen umfangreicher Bedienung und der damit verbundene bequeme Betrieb führen häufig zur Bevorzugung der Glühlampen als Starklichtquellen. Eine wesentliche Rolle für viele Verwendungszwecke spielt noch die Ruhe der Glühlichtbeleuchtung im Gegensatz zu der von Lichtschwankungen nie ganz freien Bogenlichtbeleuchtung. Vorhandene Bogenlampen in Konzert- und Vorlesungssälen werden daher häufig durch Halbwattlampen ersetzt. Dabei vermeide man den Fehler, die Glühlampen in die Bogenlampenglocken einzusetzen, man beschaffe vielmehr vollkommen neue, in allen Teilen zweckentsprechende Lampen. Auch die Leitungsanlage muß geändert werden, um die Glühlampen, im Gegensatz zu den beseitigten Bogenlampen, einzeln schalten zu können.

12. Anordnen der Lampen. Am wirkungsvollsten ist eine Beleuchtung, wenn die das Auge blendenden Lampen nicht sichtbar sind und lediglich die zu beleuchtenden Gegenstände bestrahlen. Das gilt gleicherweise von der mit einer abgeblendeten Lampe zu beleuchtenden Fläche des Arbeitstisches, wie von der Beleuchtung der Gegenstände in den Schaufensterauslagen der Läden. Die in letzterem Falle mit sichtbaren Lampen ausgestatteten Anlagen sind um so verfehlter, je näher sich die Lampen an den ausgestellten Gegenständen befinden und durch Blendwirkung das Betrachten der Gegenstände erschweren; die Lampen dienen dann nur zu unzweckmäßiger Verzierung.

Für Allgemeinbeleuchtung von Räumen ist das Abblenden der Lichtquellen nicht immer durchführbar oder zweckmäßig. Offen angebrachte Lampen sollten so hoch hängen, daß sie beim Betrachten der in den Räumen verteilten Gegenstände, der Möbel und Bilder, nicht blenden. Erforderlichenfalls nimmt man halbmatte Glühlampen oder man versieht die Lampen mit geeigneten Glasglocken oder Schirmen. Im übrigen sorge man für derartiges Verteilen der Lichtstellen, daß starke Schlagschatten vermieden werden.

Abgeblendete Lampen, seien es Bogenlampen oder Glühlampen, deren Licht gegen die weiße Decke oder große weiße Schirme gestrahlt wird und von dort zur Wirkung kommt, geben die gleichmäßigste Beleuchtung. Die dabei entstehenden Lichtverluste sind bei der Wahl gut gebauter und nach sachverständigem Rat angebrachter Lampen nicht so groß, daß dadurch die Einrichtungen unwirtschaftlich werden.

Beim Neueinrichten von Beleuchtungen lasse man sich vom Bestreben leiten, eine für die Augen wohltuende, dem Tageslicht tunlichst nahe kommende Lichtwirkung zu erreichen. Vor allem gilt das für Verkaufs- und Fabrikräume, indem dadurch im ersteren Falle der Warenverkauf erleichtert und im zweiten Falle die Leistung der Arbeiter erhöht wird.

13. Lichtstärke. Zum Beleuchten einzelner Arbeitsplätze dienen 16—25 kerzige Glühlampen. Für untergeordnete Zwecke genügen Lampen von 5—10 Kerzen.

Zu große Mannigfaltigkeit in der Lichtstärke der verwendeten Lampen ist unzweckmäßig, weil dann zu viele verschiedenartige Lampen zum Ersatz bereit gehalten werden müssen. Um die Verschiedenartigkeit der Lampen einzuschränken, kann man an Stellen, an denen die Lampen wenig gebraucht werden, auch hellere Lampen nehmen als eigentlich notwendig wäre. Dadurch wird der Stromverbrauch unwesentlich erhöht.

Über die an Allgemeinbeleuchtung in Wohnräumen zu stellenden Anforderungen gibt die nachstehende Tabelle Anhalte, aus der zu ersehen ist, wie viele Lichteinheiten, Hefnerkerzen (HK), für ein Quadratmeter der Grundfläche eines Raumes gerechnet werden. Die Raumhöhe ist mit 3—4 m vorausgesetzt. Hat z. B. ein Wohnzimmer eine

20 Einrichten und Instandhalten elektrischer Anlagen.

Fläche von $4 \cdot 5$ m $= 20$ m^2 und es soll auf 1 m^2 eine Lichtstärke von 5 Kerzen gerechnet werden, so sind erforderlich $20 \cdot 5 = 100$ Kerzen. Wählt man 25 kerzige Lampen, so ergeben sich $\frac{100}{25} = 4$ Lichtstellen. Je nach Ansprüchen nimmt man eine Krone mit 3 oder 5 Lampen; meistens werden 3 Lampen genügen. Außerdem sollte eine geeignete Stelle für eine Anschlußdose bestimmt werden, um auch eine Tischlampe benutzen zu können. Die gleiche Anschlußdose kann für einen oft gewünschten Wasserkocher oder andere Heiz- oder Wärmeeinrichtungen dienen.

	Für eine Bodenfläche von 1 m^2 bis 3—4 m Zimmerhöhe Lichteinheiten HK
Wohnzimmer	3—8
Gesellschaftszimmer	6—12
Schlafzimmer	1,5—3
Küche	2—6
Vorplatz	1—2
Nebenräume	0,5—2

14. Sparsamkeit in der Beleuchtung. Solange die Knappheit an Kesselfeuerungskohlen anhält, muß im Stromverbrauch gespart werden. Ersparnisse lassen sich durch Anwenden wirtschaftlicher Lampen, von Lampen nicht unnötig großer Leuchtkraft, durch zweckdienliches Anordnen der Beleuchtung und durch ungesäumtes Abschalten jeder nicht benutzten Lampe erzielen.

Wirtschaftlich in vorbezeichnetem Sinne ist eine Lampe, wenn die Lichterzeugung mit geringster Stromentnahme erfolgt. Verfehlt wäre es daher, Kohlefadenlampen (vgl. 83) zu verwenden, die im Vergleich zu Metalldrahtlampen das Dreifache an Strom verbrauchen. Es kommen daher nur Metalldrahtlampen (vgl. 84) in Frage, und zwar Lampen mit Luftleere für geringe Lichtstärken und Lampen mit Edelgasfüllung für höhere Lichtstärken.

Die Leuchtkraft der Lampen soll den jeweiligen Anforderungen genügen und durch zweckdienliche Schirme, wie richtiges Anbringen der Lampen gut verwertet werden. Für untergeordnete Räume verwende man Lampen von 5, höchstens 16 Kerzen. Sechzehnkerzige Lampen genügen meist auch für einzelne Arbeitsstellen, wenn man dafür sorgt, daß die Lampen von den zu beleuchtenden Gegenständen nicht zu weit entfernt sind. Für feine Arbeiten, Gravieren u. dgl., oder für das Bearbeiten dunkler Gegenstände (Nähen schwarzer Stoffe) sind hellere Lampen nötig. Zum Beleuchten des Familientisches nimmt man zweckmäßig mehrere Lampen, in sparsamster Weise zwei sechzehnkerzige Lampen, um eine oder zwei Lampen benutzen zu können.

Für Allgemeinbeleuchtung in großen Räumen sind wenige hochkerzige Lampen (Halbwattlampen) zweckmäßiger als viele schwache, nicht so wirtschaftliche Lampen, wenn nicht mit den schwachen Lampen durch nur teilweises Benutzen mehr gespart werden kann. Die Lampen in Glühlichtkronen schaltet man so, daß sie je nach Bedarf auch in geringer Zahl in Betrieb genommen werden können. Die unwirtschaftlichen sog. Kerzenlampen, Kerzenlicht vortäuschende Lampen, sollten vermieden werden.

Über zweckentsprechende und damit für sparsame Beleuchtung geeignete Lampenträger und Schirme vgl. 90 und 91.

15. Plan beim Entwerfen von Anlagen. Steht ein Gebäudegrundriß zum Einzeichnen der Lampen und übrigen Stromverbraucher nicht zur Verfügung, so bedient man sich einer aus freier Hand angefertigten Planskizze, wie in Abb. 1 an einem Stockwerksgrundriß gezeigt ist. Erleichtert wird das Herstellen des Planes durch Verwenden von Papier mit Quadrateinteilung, etwa eines mit Wasserlinien versehenen Briefbogens. Die angenäherten Maße der Räume müssen im Plan vermerkt werden. Ferner sollten besonderen Zwecken dienende Räume angegeben werden, namentlich wenn die Räume feucht sind, wenn dort leicht brennbare Gegenstände gelagert werden oder sich explosible Gase ansammeln.

Für das Einzeichnen der Verbrauchsstellen und Apparate in den Plan werden die nachstehenden, den Vorschriften

22 Einrichten und Instandhalten elektrischer Anlagen.

des Verbandes Deutscher Elektrotechniker[1]) entnommenen jedem Elektrotechniker geläufigen Zeichen benutzt:

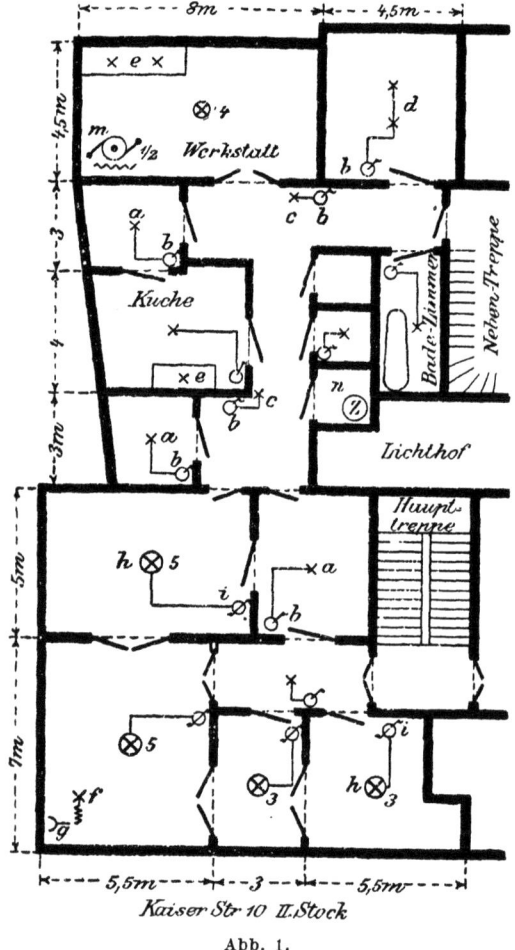

Abb. 1.

---

[1]) Die vom Verband Deutscher Elektrotechniker aufgestellten Vorschriften und Normalien sind im Verlag von Julius Springer, Berlin, erschienen.

Plan für die Lampenverteilung. 23

× = Feste Glühlampe.
×~~ = Ortsveränderliche Glühlampe.
⊗₅ = Fester Lampenträger mit Lampenzahl (5).

Obige Zeichen gelten für Glühlampen jeder Lichtstärke sowie für Fassungen mit und ohne Schalter.

⊗₈ = Bogenlampe mit Angabe der Stromstärke (8 Ampere).

= Gleichstrom-Maschine oder Motor.

= Wechselstrom-Maschine oder Motor.

= Drehstrom-Transformator (eine Wickelung in Stern-, die andere in Dreieckschaltung).

ı|ı|ı|ı|ı|ı|ı| = Akkumulatoren.

——— = Leitung.

⊃- = Anschlußdose.

⊘₆⊘₆⊘₆ = Einpoliger, zweipoliger und dreipoliger Dosenschalter mit Angabe der höchsten zulässigen Stromstärke (6 Ampere).

⊘ 3 = Umschalter, desgleichen (3 Ampere).

= Sicherung.

⊠ = Widerstand

○ = Meßgerät.

Ⓐ = Stromzeiger.

Ⓥ = Spannungsanzeiger.

Ⓩ = Elektrizitätszähler.

Demnach bezeichnen im Plan Abb. 1:

a festangebrachte Glühlampen mit zugehörigen Schaltern *b*; für die nicht in der Nähe der Wände eingezeichneten Lampen sind Pendelaufhängungen gedacht. Gesonderte

24 Einrichten und Instandhalten elektrischer Anlagen.

Schalter b sind erforderlich, weil die Lampen so hoch hängen, daß Schalter an den Fassungen vom Fußboden aus nicht erreicht werden können.

c festangebrachte Glühlampen, in der Nähe der Wand gezeichnet und demnach an Wandarmen gedacht, ebenfalls mit gesonderten Schaltern b.

d Glühlampen mit einem gemeinsamen Schalter b. Durch die Linie, die die Lampen und den Schalter verbindet, wird die Zusammengehörigkeit der drei Teile angedeutet.

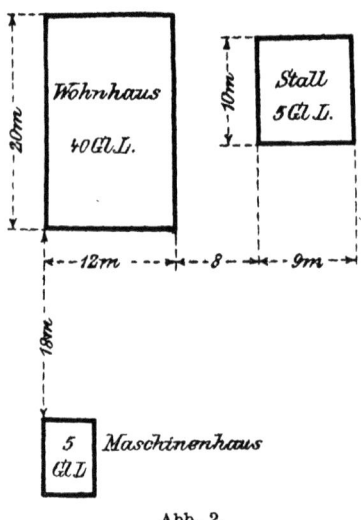

Abb. 2.

e Glühlampen ohne gesonderte Schalter. Da keine Schalter eingezeichnet sind, so ist es selbstverständlich, daß Schaltfassungen verlangt werden. Die letzteren sind zulässig, wenn die Lampen, wie es in dem vorliegenden Fall gedacht ist, so niedrig angebracht sind, daß sie vom Fußboden aus bequem erreicht werden können.

f ortsveränderliche Glühlampe. Der Lampenträger, eine Tischlampe od. dergl., ist durch eine biegsame Leitungsschnur mit der Anschlußdose g verbunden.

h Kronen für 3 und 5 Glühlampen mit zugehörigen Gruppenschaltern i. Mit den letzteren kann man alle Lampen oder nur einen Teil davon einschalten oder die Stromzuführung unterbrechen.

m Elektromotor mit $1/_2$ Kilowatt Verbrauch, etwa 370 Watt $= 1/_2$ Pferdestärke leistend.

n Elektrizitätszähler.

Die Art der Leitungen und des Leitungsschutzes, wofür die Vorschriften des Verbandes ebenfalls bestimmte Zeichen angeben, sind im Plan Abb. 1 nicht berücksichtigt.

Für den Laien, der die Planskizze ausführen soll, genügt es, wenn er die von ihm als zusammengehörig gedachten Lampen und Geräte durch Linin verbindet, wie im Plan gezeigt ist.

Vorstehend wurde angenommen, daß Versorgungsleitungen, etwa Straßenkabel, am Gebäude vorüberführen. Kommt Stromversorgung aus einer gesonderten Maschinenanlage in Frage, so muß den für die einzelnen Gebäude in vorbezeichneter Weise herzustellenden Skizzen über die Lampenverteilung eine weitere, durch Abb. 2 angedeutete Planskizze hinzugefügt werden, aus der die gegenseitige Lage der mit Strom zu versorgenden Gebäude und des Maschinenhauses zu ersehen ist.

16. Plan der fertigen Leitungsanlage. Nach Beendigung der Arbeiten verlange man vom Unternehmer, der die Anlage ausgeführt hat, das Einzeichnen in den Grundrißplan. Angegeben müssen werden die Hauptleitungen und die wesentlichen Stromverteilungsleitungen mit ihren Querschnitten, sowie die Schalttafeln mit den Schaltern und Sicherungen, so daß ihre Zugehörigkeit zu den einzelnen Räumen ersichtlich ist. Ferner sollten auf dem Plan vermerkt werden die verwendete Stromart und Spannung, desgleichen die Zahl und Art der Lampen, Motoren usw.

17. Schaltbilder für Einrichtungsteile. Außer dem vorbezeichneten Leitungsplan sind für alle verwickelten Leitungsanordnungen Schaltbilder notwendig. Unter anderem gilt das für motorische Fahrstuhlbetriebe mit Schalteinrichtungen in den Stockwerken. Ohne Schaltbild würde das Instandsetzen oder Erweitern der Einrichtungen unnötigen Zeitaufwand beim Aufsuchen des Leitungsverlaufes erfordern, namentlich wenn die Leitungen nicht in allen Teilen sichtbar angeordnet sind. Das Schaltbild wird am besten neben der Betriebseinrichtung angeheftet oder es muß leicht erreichbar aufbewahrt sein. Änderungen an der Schaltung müssen im Schaltbild ungesäumt nachgetragen werden.

18. Kostenanschlag. Ein fachunkundiger Auftraggeber wähle für das Entwerfen und Veranschlagen seiner elektrischen Einrichtungen einen Unternehmer, dem er auf Grund erforderlichenfalls eingezogener Auskunft Vertrauen entgegenbringen kann. Zwecklos wäre es für ihn, mehrere Unternehmer zum Kostenveranschlagen aufzufordern, falls er nicht in der Lage ist, die Angebote selbst zu beurteilen oder durch einen Sachverständigen prüfen zu lassen. Die Preisforderung ist von der Güte der in Vorschlag gebrachten Einrichtungen und von der Art des Leitunglegens in so hohem Grade abhängig, daß die niedrigste Forderung nicht ohne weiteres für die Auftragerteilung maßgebend sein kann. Höhere Anschaffungskosten für gut ausgeführte und zweckentsprechend angelegte Einrichtungen machen sich im Vergleich zu weniger guten billigen Anlagen durch Wirtschaftlichkeit des Be triebes bald bezahlt.

Bei Kostenanschlägen, die wesentlich voneinander abweichen, muß die Ursache des Preisunterschiedes ergründet werden. Eine hohe Veranschlagung unterscheidet sich von einer niedrigen oft weniger durch höhere Einzelpreise für gleichwertige Lieferungen als durch Veranschlagung besserer und umfangreicherer Lieferungen. Die Angebote prüfe man vor allem daraufhin, ob sie die verlangten Teile vollständig enthalten, weil wegen erforderlicher Nachlieferungen unliebsame Streitigkeiten entstehen können.

Am sichersten ist es, wenn die betriebsfertige Herstellung der Anlage nebst allem Zubehör ausbedungen wird. Bei Maschinenanlagen gehören dazu: Ölkannen für das Maschinenschmieren, Behälter für das Aufbewahren des Maschinenöles und Schraubenschlüssel, bei Akkumulatorenanlagen Behälter für die Nachfüllflüssigkeit u. dgl.

Sind den die Kostenveranschlagung aufstellenden Unternehmern die örtlichen Verhältnisse nicht bekannt, oder bestehen für bindendes Veranschlagen der Arbeiten anderweitige Schwierigkeiten, so müssen Stundenlöhne für die Handwerker vereinbart werden. Die Hilfsarbeiter stellt der Auftraggeber zweckmäßig selbst. Ferner müssen festgesetzt werden die tägliche Arbeitszeit und die Kosten für Hin- und Rückreise der Handwerker. Dahingehende stets schwierige Verrechnung erfordert das Überwachen der Arbeitszeiten durch den Auftraggeber.

Als Grundlage für die Leistung der zu veranschlagenden Maschinen und für die Ausführung der Leitungsanlagen gelten die vom Verband Deutscher Elektrotechniker auf-

Ersatzstoffe. 27

gestellten Vorschriften und Normalien [1]). Sie schließen auch die von den Feuerversicherungsgesellschaften für die Ausführung elektrischer Anlagen gestellten Forderungen ein. Die von Elektrizitätswerken für den Anschluß von Anlagen an ihre Versorgungsnetze erlassenen Bestimmungen sind den Verbandsvorschriften meistens angepaßt und in einigen Teilen verschärft.

19. Gewähr für gute Lieferung. Die von den Fabriken und Unternehmern für gelieferte Maschinen, Geräte und Leitungsanlagen unter geregelten Verhältnissen meist geleistete einjährige Gewähr umfaßt kostenloses Instandsetzen bei Schäden, die im regelrechten Betrieb entstehen. Um spätere Meinungsverschiedenheiten zu vermeiden, muß der Beginn der Gewährzeit unzweideutig vereinbart werden. Hierfür nimmt man am sichersten den Tag, an dem die betriebsfertige Anlage abgenommen ist, und für den die Abnahme vom Auftraggeber schriftlich bestätigt werden muß. Bei Einrichtungsgegenständen, die Arbeiten am Aufstellungsort nicht erfordern, wie es unter anderem für Kleinmotoren zutrifft, nimmt man als Beginn der Gewährzeit meistens den Tag der Anlieferung.

Soweit Ersatzstoffe (vgl. 20) bei der Lieferung angewendet sind, leisten die Unternehmer höchstens eine Gewähr für die Hälfte der sonst üblichen Dauer.

20. Ersatzstoffe. Das für elektrische Maschinen und Leitungsanlagen früher fast ausnahmslos verwendete Kupfer und die altbewährten Isolierstoffe, insbesondere Gummi, stehen nur in beschränkter Menge zur Verfügung. Zum Ersatz für Kupfer dienen Leiter aus Aluminium, Zink und Eisen, zur Isolierung wird unter anderem Papier benutzt, das durch geeignete Tränkung gegen das Eindringen von Feuchtigkeit geschützt ist.

Der Anwendung der Ersatzstoffe liegen eingehende Untersuchungen zugrunde, deren Ergebnis in den vom Verband Deutscher Elektrotechniker aufgestellten Bestimmungen niedergelegt und für das Ausführen der Einrichtungen maßgebend ist. Dadurch wird auch bei den aus Ersatzstoffen hergestellten Teilen elektrischer Einrichtungen

---

[1]) Normalien, Vorschriften und Leitsätze des Verbandes Deutscher Elektrotechniker, Verlag von Julius Springer, Berlin.

so weitgehende Betriebssicherheit geboten, daß dem Beibehalten der mit Ersatzstoffen hergestellten Einrichtungen im allgemeinen nichts im Wege stehen wird. Manche der Ersatzstoffe haben sich derart bewährt, daß sie vom Markte kaum mehr verdrängt werden.

Die Leiter aus Ersatzmetall müssen wegen ihrer geringen Leitfähigkeit im Vergleich zu Kupfer größere Querschnitte erhalten, so daß auch die Maschinen bei gleicher Leistung größer werden. Um aber das Vergrößern der Maschinen und das Verstärken der Leitungen in angemessenen Grenzen zu halten, wurden in den Bestimmungen des Verbandes Deutscher Elektrotechniker höhere Erwärmungen der Maschinen und Leiter durch Strombelastung zugelassen.

Verbindet man mit dem Befolgen der genannten Bestimmungen für das Ausführen der Anlagen sorgfältiges Instandhalten, so läßt sich auch mit den Ersatzstoffen genügende Betriebssicherheit erreichen. Nur bei Anlagen, für deren Betrieb weitestgehende Gewähr gegen Störungen verlangt werden muß, ist es geboten, Kupfer und altbewährte Isolierungen statt der Ersatzstoffe zu verwenden.

21. Auftragerteilung. Beim Auftragerteilen muß Wert darauf gelegt werden, daß der Auftraggeber und der Unternehmer über den Umfang der zu bewirkenden Lieferungen sich klar sind. Wenn möglich, vereinbare man, daß die Einrichtungen für den veranschlagten Gesamtpreis betriebsfertig abgeliefert werden müssen. Dadurch wird ein bei der Abrechnung leicht Streitigkeiten veranlassendes Aufmessen der Leitungen und Zählen der Zubehörteile vermieden. Nur wenn die Leitungsanlage, die Lichtstellen und anderweitigen Stromverbraucher wesentliche Änderungen gegenüber dem Kostenanschlag erfahren haben, muß der Mehraufwand an Leitungen, Apparaten und Arbeitszeit auf Grund vereinbarter Einzelpreise gesondert verrechnet werden. Zu letzterem Zweck ist es notwendig, daß der Kostenanschlag die Einzelpreise enthält.

Für das Anliefern der Maschinen, Geräte und Leitungen sowie für den Arbeitsbeginn müssen bestimmte Zeitpunkte vereinbart werden. Wegen ungehinderten Fortganges der Arbeiten lege man Gewicht darauf, daß vor Beginn der Arbeiten alle Gegenstände angeliefert sind. Handelt es sich um Einrichtungen in Neubauten, so vereinbare man, daß die Ausführung der elektrischen Einrichtung den Bauarbeiten angepaßt wird. Inwieweit dabei Teile der elektrischen Einrichtung besser während der Rohbauarbeiten oder später ausgeführt werden, ist unter 4 gesagt.

Sind die Arbeiten nicht durch anderweitige Umstände an bestimmte Zeit gebunden, so wähle man für die Ausführung Frühjahr oder Sommer. In diesen Zeiten sind die Unternehmer weniger beansprucht, so daß auf die Zuteilung besserer Handwerker und auf sorgfältigere Überwachung der Arbeiten gerechnet werden kann, als in den Zeiten reger Beanspruchung der Unternehmer gegen Beginn größeren Lichtbedarfs im Herbst. Im Winter ist die kürzer dauernde Tagesbeleuchtung den Arbeiten hinderlich

Werden mehrere Unternehmer mit gegenseitig abhängigen Arbeiten an elektrischen Einrichtungen beschäftigt, so sorge man für zweckentsprechendes Zusammenarbeiten. Die von den verschiedenen Seiten gelieferten Teile müssen zusammenpassen und einheitlich wirken. Um den damit verbundenen Schwierigkeiten zu entgehen, überträgt man besser die gesamten Arbeiten einem Hauptunternehmer, der für die betriebsfertige Ablieferung der vollständigen Anlage verantwortlich gemacht wird.

Neben der Vereinbarung etwaiger Sonderbestimmungen mache man beim Auftragerteilen das Befolgen der Vorschriften und Normalien des Verbandes Deutscher Elektrotechniker zur Bedingung.

22. Auspacken der Einrichtungsgegenstände. Werden elektrische Maschinen, Apparate oder Zubehörteile ohne die damit vertrauten Fabrikangestellten ausgepackt, so achte man auf sorgsames Herausnehmen aus den Packungen und Nachprüfen an Hand des Begleitscheines. Wegen fehlender oder beschädigter Teile wende man sich ungesäumt an den Absender. Bei großen Beschädigungen empfiehlt es sich, dem Absender eine ausführliche Beschreibung zu übermitteln, damit etwa abgeschlossene Versicherungen in Anspruch genommen werden können.

Das der Packung entnommene Papier und die Holzwolle dürfen nicht ohne gründliches Absuchen nach kleinen Teilen, Befestigungsschrauben u. dgl., weggelegt werden.

30   Einrichten und Instandhalten elektrischer Anlagen.

Für das Aufbewahren der ausgepackten Gegenstände wähle man einen trockenen, verschließbaren Raum. Gleiches gilt für nicht geöffnete Kisten, die zum Auspacken durch erwartete Handwerker zurückgestellt werden.

23. Beaufsichtigung der Arbeiten. Durch Beaufsichtigen des Leitunglegens und Aufstellens der Maschinen und Geräte gewinnt auch der Nichttechniker einen für spätere Unterhaltung der Anlage ihm zustatten kommenden Einblick in die Einrichtungen. Er kann sich dadurch die Fähigkeit zum Beurteilen auftretender Störungen aneignen und etwa notwendige Abhilfe fördern, indem er herbeigerufenen Handwerkern die beim Auftreten der Störung gemachten Wahrnehmungen bekannt gibt. Bei kleinen Schäden wird unter Umständen auch ein Nichttechniker Abhilfe schaffen können; es muß aber vor unüberlegten Versuchen gewarnt werden, weil sie den Schaden leicht vergrößern und Gefahr herbeiführen können.

24. Hilfeleistung bei den Aufstellungsarbeiten. Ist ein Wärter für das spätere Bedienen einer neu zu errichtenden elektrischen Anlage bestimmt, so sollte er bei der Ausführung zur Hilfeleistung beigegeben werden, damit er Einblick in die Einrichtungen gewinnt und das Instandhalten erlernt. Zu den Arbeiten des Wärters einer Stromverteilungsanlage gehört das Bedienen der Elektromotoren, das Reinigen der Lampen, Einsetzen der Kohlestifte in die Bogenlampen und das Auswechseln schadhaft gewordener Glühlampen, ferner das Instandhalten der Leitungsanlage, indem aufgetretene Isolationsfehler alsbald beseitigt und vor allem schadhafte ortsveränderliche Leitungen rechtzeitig ausgewechselt werden müssen. Bei eigener Stromerzeugung kommt der Maschinenbetrieb mit dem ebenfalls große Sorgfalt erfordernden Instandhalten hinzu Ein anstelliger Wärter wird es durch die Hilfeleistung bei den Ausführungsarbeiten leicht so weit bringen, daß er diesen Anforderungen genügt und die Anlage dauernd in gutem betriebssicheren Zustand erhalten kann.

25. Abnahme der fertigen Anlage. Nach dem Fertigstellen einer Anlage lasse sich der Auftraggeber oder sein Vertreter alle Einzelheiten der Einrichtung erklären. Dabei lege man Gewicht darauf, daß das Handhaben der Schalter,

Abnahme der fertigen Anlage. 31

Einsetzen der Sicherungen sowie die Hauptregeln für das Bedienen der Lampen und Elektromotoren kennen zu lernen. Die Maschinen, Transformatoren und übrigen Teile der Einrichtung werden einem Probebetrieb nach Maßgabe der beim Auftragerteilen gestellten Bedingungen unterzogen. Akkumulatoren werden nach vorschriftsmäßigem Laden daraufhin geprüft, ob sie bei der vorgeschriebenen Stromstärke die ausbedungene Entladedauer haben.

Für die Abnahme sind die vom Verband Deutscher Elektrotechniker herausgegebenen Vorschriften maßgebend, unter anderem die Normalien für die Bewertung und Prüfung von elektrischen Maschinen und Transformatoren. Eine vollständige Nachprüfung neu gelieferter Maschinen nach den Normalien, die langwierige Untersuchungen vorschreiben, sollte nur in besonderen Fällen, bei großen Anlagen und ernsten Streitigkeiten, verlangt werden. Für gewöhnlich kann man sich am Aufstellungsort der Maschinen und Transformatoren mit weniger eingehenden Prüfungen begnügen, weil die in Frage kommenden Teile der Anlage in der Regel nach vielfach erprobten Modellen gebaut und schon in der Fabrik eingehend geprüft sind. Eine weitere Sicherheit für den Anlagen-Inhaber besteht in der von der Fabrik unter regelrechten Verhältnissen meist gegebenen einjährigen Gewähr gegen Schäden (vgl. 19).

Beim Probebetrieb, der den jeweiligen Anforderungen angepaßt wird, müssen die Lampen, Motoren und sonstigen Stromverbraucher in solchem Umfang eingeschaltet werden, daß tunlichst die regelrechte Belastung der Stromerzeugeranlage erreicht wird. An den Maschinen beobachtet man die Erwärmung der Wickelung und der Lager. Bei den sich erwärmenden Widerständen muß nachgesehen werden, ob sie in erforderlichem Abstand von entzündlichen Gegenständen angebracht sind. Da die gleichbleibende Höchsterwärmung der Maschinen erst nach längerer Zeit eintritt, so beträgt die Dauer des Probebetriebs, je nach der Größe der Maschinen, 2—6 Stunden.

Die für Maschinen und Apparate etwa bestehenden Bedienungsvorschriften fordere man vom Unternehmer, um danach das Bedienen und Unterhalten der Anlage zu überwachen. Am besten werden die Vorschriften in der

Nähe der in Frage kommenden Maschinen und Apparate aufgehängt.

26. Ersatzteile. Die Menge der für eine elektrische Anlage bereit zu haltenden Ersatzteile ist von den Ansprüchen an die Betriebssicherheit und häufig auch davon abhängig, ob man die Teile an Ort und Stelle beschaffen kann oder von auswärts beziehen muß. Von allen sich rasch abnutzenden Teilen sollte nach dem Vorschlag des die Einrichtungen ausführenden Unternehmers oder auf Grund der im Betrieb gesammelten Erfahrungen Lagerbestand gehalten werden.

In Beleuchtungsanlagen müssen Glühlampen, Sicherungspatronen, Schalter, Schalterteile u. dgl. bereit liegen. Wird bei Elektromotoren großer Wert auf ununterbrochenen Betrieb gelegt, so müssen ein Ersatzanker und Magnetspulen außer den kleinen Zubehörteilen, den Bürsten und Bürstenhaltern vorhanden sein. Bei weitergehenden Ansprüchen wird am besten ein vollständiger Ersatzmotor beschafft, der sich ohne weiteres an die Stelle eines beschädigten Motors bringen läßt.

In umfangreichen Betrieben kann auf beste Bereitschaft und nicht zu großen Bestand des Ersatzlagers dadurch hingewirkt werden, daß man die Anlagen nach einheitlichen Grundsätzen ausführt, namentlich die Elektromotoren von der gleichen Fabrik und soweit angängig gleichgroß nimmt.

27. Nachbestellungen müssen zur Erlangung pünktlicher Ausführung von genauen Unterlagen begleitet sein. Zu dem Zweck empfiehlt es sich, die Anzeigen und Rechnungen über gelieferte Maschinen und Geräte geordnet aufzubewahren, um bei Nachbestellung die von der Fabrik geführten Bezeichnungen und Nummern zu verwerten und Anhalte für die Kosten der zu beschaffenden Teile zu haben. Fehlen solche Aufzeichnungen, so werden am besten die Aufschriften an den Maschinen (Leistungsschild) und Geräten im Bestellschreiben wiedergegeben, erforderlichenfalls Skizzen mit eingeschriebenen wesentlichen Maßen angefertigt. Auch das Beilegen von Mustergegenständen kann zweckmäßig sein, z. B. bei einer Kohlebürsten-Bestellung das Mitsenden einer abgenutzten Bürste.

Die Aufträge werden am zweckmäßigsten den mit der Lieferung der Einrichtungen betraut gewesenen Unternehmern erteilt, weil andernfalls keine Gewähr für genaue Nachlieferung besteht.

28. Handhaben der Einrichtungen durch Fachunkundige muß streng nach den gegebenen Anleitungen geschehen. Unüberlegte Eingriffe an Lampen, Maschinen und Geräten müssen vermieden werden. Durch leichtfertiges Behandeln elektrischer Einrichtungsgegenstände geht ihre sonst große Betriebssicherheit verloren. Es kann dann beim Berühren blanker und schlecht isolierter Teile schädlicher Stromübergang durch den Körper und Feuersgefahr entstehen. Schädlicher Stromübergang durch den Körper muß vor allem in feuchten Räumen, also auch in Koch- und Waschküchen verhütet werden, weil dort infolge feuchter Hände und Füße die Gefahr für den von Stromübergang Betroffenen grösser ist. Findet man Schäden an elektrischen Einrichtungsgegenständen, so muß baldige Abhilfe veranlaßt werden. Reinhalten der elektrischen Einrichtungsgegenstände ist notwendig, weil die Lichtwirkung der Lampen durch Staubablagerung leidet und die Betriebssicherheit von Maschinen und Geräten durch Verschmutzen beeinträchtigt wird.

29. Notwendigkeit zeitweiser Untersuchung der Anlagen. Die Betriebs- und Feuersicherheit elektrischer Anlagen ist nicht weniger von der Güte der anfänglich beschafften Einrichtung als von der Instandhaltung abhängig. Zeitweises Untersuchen elektrischer Anlagen und folgendes Instandsetzen beschädigter Teile sind um so notwendiger, als entstandene Schäden sich im Leuchten der Lampe und im Betrieb der Motoren nicht immer bemerkbar machen, selbst wenn sie ernste Gefahren einschließen. Hierauf müssen namentlich nicht technisch gebildete Besitzer der Anlagen aufmerksam gemacht werden, weil sie nur zu leicht die Gefahren mangelhaft unterhaltener Einrichtungen unterschätzen. Elektrische Anlagen besitzen nur in gut unterhaltenem Zustand die ihnen mit Recht nachgerühmte Betriebs- und Feuersicherheit.

Die unvermeidliche Abnutzung der einzelnen Teile einer elektrischen Anlage ist von der Art der Leitungen und der übrigen Ausführung, sowie von der Benutzungsart der Räume, in denen sich die Anlagen befinden, abhängig. Die Häufigkeit der Untersuchung muß daher den jeweiligen Anforderungen angepaßt werden. Zum Beispiel erfordern Leitungsanlagen in Räumen, woselbst sich explosible Gase ansammeln oder leicht brennbare Gegenstände lagern, besonders häufiges Untersuchen. Ferner muß man unterscheiden, ob die Leitungen durch die Benutzung der Räume leicht beschädigt werden, oder ob Beschädigung der Leitungen wenig zu befürchten ist. Bei wichtigen, besonders gefährdeten Anlagen ist alljährliche Untersuchung zu wenig, während man bei anderen Anlagen, z. B. bei schonend behandelten elektrischen Einrichtungen in Wohnungen mit dem Wiederholen der Untersuchung mehrere Jahre warten kann. Immerhin darf man auch in letzterer Hinsicht nicht zu sorglos sein, namentlich wenn die Anlagen von Laien benutzt werden, die entstandenen Schäden selten beachten. Vor allem halte man darauf, daß die in Wohnungen viel verwendeten Schnurleitungen für ortsveränderliche Stromverbraucher, sobald sie beschädigt sind, ausgewechselt werden.

Das Untersuchen neuer Anlagen durch einen Sachverständigen, der nicht beim Ausführen der Einrichtungen mitgewirkt hat, kommt nur bei berechtigtem Mißtrauen gegen den ausführenden Unternehmer in Frage. Wird ein Nachprüfen der Einrichtungen aus solchem Anlaß notwendig, so bemühe man sich um die Wahl eines bewährten und unparteiischen Sachverständigen, damit nicht etwa durch zu weit gehende Forderungen unerquickliche Streitigkeiten mit dem Unternehmer entstehen.

30. Maßnahmen für das Untersuchen und Instandhalten der Anlagen. Das Wichtigste für gutes Instandhalten elektrischer Anlagen ist ein mit fachmännisch gewandtem Blick zeitweise vorzunehmendes Besichtigen aller Teile der Anlage und das erforderlichenfalls folgende Beseitigen von Mängeln. Erst in zweiter Linie stehen die ebenfalls nicht zu versäumenden Isolationsmessungen. Sich mit dem Beseitigen von Isolationsfehlern zu begnügen und den übrigen Zustand einer Anlage unberücksichtigt zu lassen, wozu hier und da Neigung besteht, wäre verfehlt. Schäden an Anlagen lassen sich mindestens ebenso

Maßnahmen für das Untersuchen und Instandhalten der Anlagen. 35

häufig mit dem Auge wahrnehmen wie durch Isolationsmessungen feststellen.

Am besten wird eine Anlage dauernd in gutem Zustand erhalten, indem man entstandene Schäden alsbald beseitigt. Das ist aber nur bei großen Anlagen möglich, bei denen es sich lohnt, einen derartiger Instandhaltung gewachsenen, verläßlichen Wärter zu halten und für dessen Beaufsichtigung durch einen erfahrenen Techniker zu sorgen. In kleinen Anlagen werden dagegen für die Betriebsführung meist Wärter verwendet, die keine Gewähr für verläßliches Instandhalten bieten. Bei den an die Leitungsnetze von Elektrizitätswerken und Blockstationen angeschlossenen Anlagen ist für das Instandhalten überhaupt niemand vorhanden, weil der Umfang solcher Anlagen dauerndes Beaufsichtigen im allgemeinen nicht erfordert.

Für zeitweises Untersuchen und Instandsetzen der Anlagen gibt es zwei Wege: Entweder bedient man sich eines beratenden Ingenieurs, der die Anlage zu untersuchen und die Beseitigung gefundener Mängel zu veranlassen hat, oder man überträgt das Untersuchen und Instandsetzen einem verläßlichen elektrotechnischen Unternehmer.

Das Zuziehen eines beratenden Ingenieurs empfiehlt sich, wenn die Mängel durch die für den Betrieb der Anlage angestellten Maschinisten und Mechaniker beseitigt werden können, diese Angestellten aber keine Gewähr bieten, alle Mängel selbst zu finden. Dabei wird gleichzeitig erreicht, daß die eigenen Anlagenwärter durch die von sachverständiger Seite zeitweise vorzunehmende Untersuchung zu sorgfältiger Arbeit angehalten und durch die seitens des überwachenden Ingenieurs gegebenen Anweisungen leistungsfähiger werden. In den Vereinbarungen mit einem überwachenden Ingenieur stelle man die Bedingung, daß nicht nur die Anlage untersucht, sondern auch das Instandsetzen überwacht und so lange nachgeprüft werden muß, bis die Fehler ordnungsmäßig behoben sind. Ein Gutachten über den Befund der Anlage, mit Bekanntgabe der Fehler ohne Überwachen der Instandsetzungsarbeiten, würde meistens zwecklos sein.

Haben die für den Betrieb angestellten Wärter die Fähigkeit zur Vornahme von Instandsetzungsarbeiten nicht, oder fehlt ihnen dazu die Zeit, so wird zweckmäßiger ein verläßlicher elektrotechnischer Unternehmer mit dem zeitweisen Untersuchen und Instandsetzen beauftragt. Anlagenwärter, denen die Fähigkeit zu Arbeiten an elektrischen Einrichtungen fehlt, müssen von selbständigen nennenswerten Instandsetzungen grundsätzlich ferngehalten werden, weil durch unvollkommene Arbeiten die Betriebssicherheit der Anlagen nur gefährdet wird. Dagegen steht nichts im Wege, die vorbezeichneten Wärter den Handwerkern zur Hilfeleistung beim Instandsetzen beizugeben. Zeitweise Untersuchungen und Instandsetzungen der angegebenen Art sind namentlich auch in den an die Leitungsnetze von Elektrizitätswerken und Blockstationen angeschlossenen Anlagen erforderlich, wenn eigene Wärter nicht zur Verfügung stehen. Die Untersuchungen dürfen auch in den kleinsten Anlagen nicht unterlassen werden, weil hier Fehler ebenso gefährlich werden können wie in großen Anlagen.

Sorgt man für Untersuchungen in richtigen Zeitabständen, im allgemeinen alle 1 bis 3 Jahre, so bleiben die Kosten für das Instandsetzen verhältnismäßig gering, in der Regel geringer, als wenn man die Untersuchungen hinausschiebt und entstandene Schäden größer werden läßt. Handelt es sich um alte Anlagen, so verursacht das erstmalige Instandsetzen meist große Kosten, die man zur Erhaltung der Betriebs- und Feuersicherheit nicht scheuen darf. Dabei kommt es vor, daß der Auftraggeber durch die unerwartete Kostenhöhe sich übervorteilt glaubt und geneigt ist, die nächste Untersuchung und Instandsetzung einem anderen Unternehmer zu übertragen. Geschieht das, so fällt es leicht zum Schaden des Auftraggebers aus, weil ein neuer Unternehmer abermals großen Arbeits- und Zeitaufwand braucht, um sich mit der Anlage vertraut zu machen, vielleicht auch geneigt ist, durch weitergehende Änderungen an der alten Anlage neue Arbeit zu suchen. Letzteres ist um so eher möglich, als über die Grenze, inwieweit mit dem Beseitigen veralteter Einrichtungen gegangen werden soll, persönliche Ansichten maßgebend sind. Beim Instandsetzen alter Anlagen gilt der Grundsatz, daß den neuen Vorschriften nicht genügende Einrichtungen nur dann beseitigt werden müssen,

Umbau und Instandsetzung von Anlagen. 37

wenn sie die Betriebs- und Feuersicherheit gefährden. Nur in dem Sinne haben die Vorschriften des Verbandes Deutscher Elektrotechniker rückwirkende Kraft.

Bei der Wahl des mit dem zeitweisen Untersuchen und Instandsetzen zu betrauenden Unternehmers lege man größtes Gewicht auf Verläßlichkeit. Denn es handelt sich um das Beachten oft kleinlich erscheinender Maßnahmen, die nur bei gewissenhafter und sinngemäßer Anwendung der bestehenden Vorschriften zweckentsprechend erledigt werden können. Da der Umfang erforderlicher Instandsetzungen im voraus selten angegeben werden kann, so muß darauf verzichtet werden, vorweg einen Preis für die Arbeiten zu vereinbaren. Auch dieser Umstand läßt es geraten erscheinen, verläßliche Unternehmer zuzuziehen, von denen eine den bewirkten Arbeiten angemessene Kostenberechnung auch ohne vorausgegangene Vereinbarung erwartet werden kann.

31. Umbau und Instandsetzung von Anlagen. Bei einer Entscheidung darüber, inwieweit veraltete elektrische Anlagen behufs Herbeiführung genügender Feuer- und Betriebssicherheit umgebaut und erneuert werden müssen, folge man dem Rat bewährter Sachverständiger. Dahingehendes Begutachten sollte sich bei alten Anlagen, je nach ihrer Bedeutung, in zwei- bis vierjährigen Fristen wiederholen. Die wichtigsten der zu beachtenden Regeln sind nachstehend angegeben:

Leitungen, die nach einem seit langem nicht mehr zulässigen Verfahren mit Krampen befestigt sind, dürfen nicht im Betrieb bleiben. Die isolierenden Hüllen der alten Leitungen sind an und für sich wenig widerstandsfähig, zudem sind sie mit der Zeit mürbe und brüchig geworden. Durch geringfügige Veranlassung, durch Stoßen gegen die Befestigungsstellen oder durch Erschütterungen, kann daher Beschädigung der die Drähte umhüllenden Isolierschicht und dadurch Leitungsschluß eintreten. Am größten ist die Gefahr, wenn Mehrfachleitungen in der beschriebenen Weise befestigt sind. Fehler an solchen Leitungen verursachen oft so schwachen Stromübergang zwischen den gemeinsam befestigten Leitungen oder zwischen einer Leitung und metallischen Gebäudeteilen, daß die Leitungen durch die zugehörigen Sicherungen nicht selbsttätig abgeschaltet werden. Der dabei auftretende kleine Lichtbogen kann aber genügen, um die Umspinnung der Leitungen zu entzünden und durch diese das Feuer auf benachbarte brennbare Gegenstände zu übertragen.

Ähnlich können sich abgenutzte Leitungsschnüre verhalten, wie sie oft aus Sorglosigkeit und falscher Sparsamkeit für ortsveränderliche Lampen beibehalten werden. Alle auch nur wenig beschädigten Leitungsschnüre, insbesondere die den bestehenden Vorschriften nicht genügenden Gummibandschnüre, sollten durch bessere Leitungen ersetzt werden. Auf gutes Instandhalten dieser Leitungen achte man besonders peinlich, wenn sie mit leicht brennbaren Gegenständen, Gardinen oder Betten, in Berührung kommen. Beschädigung der Schnüre wird hintangehalten, wenn man sie nicht zu lang nimmt und dadurch dem Verschlingen der Schnüre vorbeugt. Schnüre mit geringer Beschädigung der äußeren Hülle kann man durch Einnähen in kräftiges Band für längeren Gebrauch erhalten.

Beachtung schenke man den Schalteinrichtungen mit Holzunterlage, sowie veralteten Sicherungen und Schaltern. Viele der älteren Sicherungen genügen den bestehenden Anforderungen (vgl. 103) so wenig, daß ihr Ersatz durch verläßlich wirkende Apparate erste Bedingung für die Feuer- und Betriebssicherheit einer Anlage ist. Schalter mit offen liegenden Kontakten dürfen nur in Räumen geduldet werden, die ausschließlich elektrotechnisch geschulten Wärtern zugänglich sind.

Man scheue sich nicht, Leitungsanlagen, die den Anforderungen an Feuer- und Betriebssicherheit nicht genügen, trotz großem Kostenaufwand zu erneuern. Namentlich gilt das von den elektrischen Einrichtungen in Wohnhäusern, woselbst die Leitungen behufs jederzeit möglicher Benutzung der Lampen dauernd, auch zur Nachtzeit, unter Spannung stehen und nur in guter Ausführung geduldet werden sollten.

32. Verwerten elektrischer Einrichtungsteile beim Wohnungswechsel. Die Inhaber von Mietwohnungen wünschen oft Antwort auf die Frage, in welchem Umfang die ihnen gehörigen Teile der elektrischen Einrichtung beim Wohnungswechsel verwertbar bleiben. Handelt es sich um Wohnungs-

Verwerten elektr. Einrichtungsteile b. Wohnungswechsel. 39

wechsel im gleichen Stadtbezirk, so besteht selten ein Unterschied zwischen den im Anschluß an das elektrische Versorgungsnetz benutzten Einrichtungsteilen, so daß sie überall gleicherweise mit dem Leitungsnetz verbunden werden können. Beim Übersiedeln von einem Stadtbezirk in einen anderen sind dagegen Unterschiede nicht ausgeschlossen, noch weniger beim Übersiedeln in eine andere Stadt. Dabei kommt folgendes in Betracht:

a) Die Lampenträger, Glühlichtkronen, Handlampen u. dgl. werden im allgemeinen allpolig isoliert hergestellt und sind dann überall verwendbar, auch wenn es sich um Leitungsnetze mit einem geerdeten Pol oder einer geerdeten Phase handelt. Für Mietwohnungen sollte man nur allpolig isolierte Lampenträger nehmen, d. h. nicht mit Anschluß eines der beiden Leitungspole an den Metallkörper des Lampenträgers.

b) Die Glühlampen müssen angenähert zur bestehenden Leitungsspannung passen. Benutzt man Lampen für zu niedrige Spannung, so ergibt sich größere Lichtstärke, aber die Lampen werden rasch verbraucht, umgekehrt geben Lampen für zu hohe Spannung zu geringe Lichtstärke, werden aber auch wenig abgenutzt. Würden z. B. Lampen für 110 Volt· im Anschluß an ein mit 120 Volt betriebenes Leitungsnetz verwendet, so würden sie nach kurzer Zeit durchbrennen, umgekehrt würden 120 Volt-Lampen in einem Leitungsnetz mit 110 Volt Spannung ungenügend leuchten. Bei Unterschieden von mehr als 5% zwischen der auf dem Lampensockel verzeichneten Spannungshöhe und der Leitungsspannung nehme man neue, zur Leitungsspannung passende Lampen.

Die Stromart, Gleich- oder Wechselstrom, ist für den Glühlampen-Betrieb ohne Einfluß.

c) Motoren eignen sich nur für die Stromart, für die sie gebaut sind. Bei Wechselstrommotoren handelt es sich noch um Einphasen- oder Mehrphasenstrom (Drehstrom) und um die Pulszahl des Wechselstrombetriebs (vgl. 45). Paßt ein Motor für die Stromart, dann muß auch noch die Spannung, für die der Motor gebaut ist, mit der Leitungsspannung übereinstimmen. Ist die Leitungsspannung höher, als die beim Bau des Motors vorgesehene, auf dem Leistungsschild angegebene Spannung, so erwärmt sich der Motor unzulässig. Bei zu niedriger Betriebsspannung ist die Motorleistung zu gering. Abweichungen von der Leitungsspannung bis 10% sind zulässig.

Ob ein Motor für den Anschluß an ein gegebenes Leitungsnetz geeignet ist, wird vorkommenden Falles am sichersten durch einen Fachmann entschieden.

d) Heizkörper. Das Verwenden von Heizkörpern, elektrischen Kochern u. dgl. ist im allgemeinen nur vom Übereinstimmen der Spannung, für die ein Heizkörper gebaut ist, mit der Leitungsspannung abhängig; Abweichungen bis zu 10% sind zulässig. Nur große, für den Hausgebrauch nicht in Betracht kommende Heizkörper haben unter Umständen eine für Drehstrom bestimmte Schaltung, diese können nur im Anschluß an ein gleichartiges Drehstromnetz wieder verwendet werden.

Erläuterungen.

33. Elektrische Strömung. Die elektrische Strömung kann mit der Wasserströmung in Rohrleitungen verglichen werden. Man denke sich zwei verschieden hoch aufgestellte Wasserbehälter B (Abb. 3), verbunden durch die Rohre R. Die durch eine Kraftmaschine angetriebene Kreiselpumpe P fördere das Wasser dauernd vom unteren in den oberen Behälter. Es entspricht dann das im Rohre R^+ dem oberen Behälter zufließende Wasser der Hinleitung des Stromes und das im Rohr R^- abfließende Wasser der Rückleitung des Stromes. Abfluß und Zuflußstutzen der Pumpe sind mit der $+$ und $-$ Klemme einer stromerzeugenden Maschine vergleichbar.

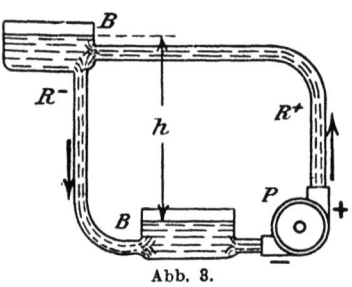

Abb. 3.

34. Stromstärke. Die Stromstärke entspricht der die Rohrleitungen R (Abb. 3) in der Zeiteinheit durchströmenden Wassermenge. Die Einheit der Stromstärke ist das Ampere, vereinbartes Zeichen: A.

$1/_2$ Ampere ist z. B. zum Betrieb einer 50 kerzigen Metalldraht-Glühlampe bei einer Spannung von 110 Volt erforderlich.

35. Spannung. Die elektrische Spannung läßt sich mit dem in der Pumpe P (Abb. 3) erzeugten, durch das Wassergefälle h dargestellten Druck vergleichen. Die Einheit der Spannung ist das Volt, vereinbartes Zeichen: V.

Wenig mehr als 1 Volt Spannung besitzen die für den Betrieb elektrischer Klingeleinrichtungen verwendeten galvanischen Elemente. Für Beleuchtungsbetriebe dienen 110—220 Volt. Elektrische Straßenbahnen werden gewöhnlich mit 550 Volt betrieben. Bei Übertragung auf große Entfernung verwendet man Wechselstrom von vielen Tausend bis über 100000 Volt.

Je nach der Höhe der Spannung unterscheidet man:

a) Niederspannungsanlagen. Die Gebrauchsspannung, d. h. die für den Betrieb verfügbare Spannung, zwischen irgend einer Leitung und dem Erdboden, gewöhnlich kurz „Erde" genannt, beträgt nicht mehr als 250 Volt.

Eine Dreileiteranlage (vgl. 116 b) mit $2 \cdot 220$ Volt Spannung gilt als Niederspannungsanlage, wenn der Mittelleiter geerdet, d. h. leitend mit der Erde verbunden ist. Dabei kann an keiner Stelle des Leitungsnetzes zwischen einem der beiden Außenleiter und Erde die Spannung höher sein als 220 Volt.

b) Hochspannungsanlagen. Hierzu gehören alle die vorbezeichnete Spannungsgrenze überschreitenden Starkstromanlagen.

36. Leitungswiderstand. Die elektrischen Leiter setzen dem sie durchfließenden Strom Widerstand entgegen, ähnlich wie eine Rohrleitung dem sie durchfließenden Wasser. Bei unveränderlichem Wasserdruck ist der Wasserfluß in einer Rohrleitung um so schwächer, je enger und länger die Rohrleitung, ferner je größer die Reibung an den Rohrwandungen ist, also je größeren Widerstand die Rohrleitung dem Wasserfluß entgegensetzt. Gleicherweise ist der Widerstand eines elektrischen Leiters um so größer, je kleiner der Querschnitt und je länger der Leiter ist. Außerdem ist der elektrische Widerstand von der Art des Leitermetalls abhängig, er ist bei Kupfer unter sonst gleichen Verhältnissen sechsmal kleiner als bei Eisen. Die Einheit des Widerstandes ist das Ohm.

37. Isolationswiderstand. Ist bei dem Wasserfluß (Abb. 3) die Rohrleitung leck, so entsteht Wasserverlust. In ähnlicher Weise entweicht aus elektrischen Leitungsdrähten Strom, wenn die Isolierung schadhaft geworden ist, d. h. wenn der Isolationswiderstand abgenommen hat. Da die Stromentweichung Gefahren einschließen kann, so muß für Erhaltung guter Isolation des Leitungsnetzes gesorgt werden.

38. Verbrauch und Leistung. Einheit ist das Watt (W), das sich aus dem Produkt von Spannung und Stromstärke ergibt, wenn man von der Abweichung (Phasenverschiebung) bei Wechselstrombetrieb absieht. Als praktische Einheit dient der 1000fache Wert, das Kilowatt (kW).

Von Verbrauch spricht man, wenn Watt aufgenommen werden. Eine 25 kerzige Metalldrahtlampe nimmt bei 110 Volt Spannung eine Stromstärke von 0,25 Ampere auf, sie verbraucht somit $110 \cdot 0{,}25 =$ rd. 30 Watt.

Die Bezeichnung Leistung wird vornehmlich für die Abgabe von Watt gebraucht, aber auch allgemein ohne zu unterscheiden, ob es sich um Aufnahme oder Abgabe von Watt handelt. Sagt man, ein Stromerzeuger leistet 100 Kilowatt, so heißt das, daß er an seinen Klemmen 100 Kilowatt abgibt.

Mechanische Leistung wird ebenfalls in Kilowatt oder in der älteren Einheit, in Pferdestärke (PS), angegeben. Eine Pferdestärke ist gleich 0,736 Kilowatt. Ein 10 kW-Elektromotor ist demnach gleichwertig mit einem Motor von $\frac{10}{0{,}736} =$ rd. 14 PS; der Motor leistet an seiner Welle oder Riemscheibe 10 kW. Die Aufnahme an den Klemmen, der Verbrauch, ist um die im Motor auftretenden Verluste größer; ein Motor, der 10 kW = rd. 14 PS leistet, verbraucht rd. 11 kW.

39. Elektrische Arbeit. Die elektrische Arbeit wird berechnet durch Multiplikation der Leistung in Watt mit

Anforderungen an die Stromleitungen. 43

der Zeitdauer der Leistung. Einheit ist die Wattstunde (Wh) oder der 1000fache Wert, die Kilowattstunde (kWh).

Die Kilowattstunde bildet die Grundlage für das Bezahlen des Stromverbrauchs. Eine 25kerzige Metalldrahtlampe verbraucht bei der Durchschnittsbenutzung des Anschlußwertes in Wohnungen jährlich etwa 30 Watt · 300 Stunden = 9000 Wh oder 9 kWh.

Zum Vergleich des Wertes der elektrischen Arbeit mit anderen Arbeitsformen dienen nachstehende Zahlen:

1 kWs (Kilowattsekunde) ist gleichwertig mit der mechanischen Arbeit von 102 kgm (Kilogrammeter), d. i. die Arbeit, bei der ein Gewicht von 102 kg 1 m hoch gehoben wird.

1 kWh (Kilowattstunde) = 3600 kWs (Kilowattsekunden) ist notwendig, um 102 · 3600 = rd. 367 000 Kilogramm oder 367 Tonnen 1 m hoch oder 367 Kilogramm 1000 m hoch zu heben.

1 kWh (Kilowattstunde) ist gleichwertig mit der Wärmearbeit von 864 kcal (Kilokalorien), die notwendig ist, um die Temperatur von 864 l Wasser um 1⁰ C zu erhöhen.

1 PSs (Pferdestärkesekunde) gleich 75 kgm gleich 0,736 kWs oder 736 Ws ist gleich der Arbeit, mit der 75 kg 1 m hoch gehoben werden.

40. Elektrizitätsmenge. Einheit der Elektrizitätsmenge ist bei Gleichstrom die Amperestunde. Das ist die Elektrizitätsmenge, die sich ergibt, wenn 1 Ampere während der Dauer einer Stunde fließt.

Leuchtet eine Glühlampe, die im Betrieb 0,3 Ampere aufnimmt, eine Stunde lang, so beträgt der Verbrauch 0,3 Ampere · 1 Stunde = 0,3 Amperestunden.

Ist die Spannung einer Gleichstromanlage unveränderlich, so ist die Elektrizitätsmenge dem Arbeitsverbrauch proportional. Bei Entnahme elektrischer Arbeit genügt in diesem Falle ein Zählen der Amperestunden.

41. Anforderungen an die Stromleitungen. Von einer Stromleitung wird verlangt, daß sie gut leitet und gut isoliert ist. Ersteres bezweckt das Vermeiden zu großer Arbeitsverluste in den Leitungen und wird am besten durch Stromleitungen aus gut leitenden und genügend dicken

Kupferdrähten erreicht. Aushilfsweise werden auch Aluminium-, Zink- und Eisenleiter verwendet. Die Isolierung der Leitungen ist notwendig, damit der Strom seinen Weg durch die Leitungen nimmt und Stromentweichung in andere mehr oder weniger gut leitende Körper, in feuchte Mauern, Gas- und Wasserrohre, vermieden wird. Zur Leitungsisolierung dienen Umhüllungen der Drähte mit Nichtleitern und das Befestigen der Leitungen auf isolierenden Unterlagen, auf Isolierglocken, Porzellanrollen u. dgl.

42. Isolationsprüfung. Das Prüfen der Isolation, wie es zum Überwachen der Anlagen in großen Betrieben dauernd geschieht, kann auch bei kleinen Anlagen nicht ganz entbehrt werden. Vor allem sind Isolationsprüfungen notwendig, wenn sich Fehler zeigen oder vermutet werden, z. B. Sicherungen wiederholt durchschmelzen. Bei Leitungsanlagen in Wohnungen, die nach den Vorschriften des Verbandes Deutscher Elektrotechniker ausgeführt und meist von den Angestellten des Elektrizitätswerkes nach der Fertigstellung abgenommen sind, ist für längere Zeit keine Abnahme des Isolationszustandes zu befürchten, wenn nicht außergewöhnliche Schäden, etwa durch Feuchtigkeitseinwirkung, auftreten. Außer der bei solchen Beschädigungen baldigst notwendigen Isolationsmessung empfiehlt es sich, die Isolation nach Verlauf einiger Jahre durch einen Sachverständigen prüfen zu lassen.

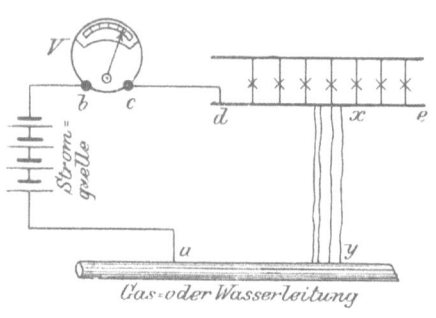

Abb. 4.

Die Isolationsprüfung besteht im Untersuchen, ob Strom aus der Leitung in die Erde, in feuchte Mauern oder in das Eisengerüst von Gebäuden entweicht. Das Meßgerät kann, statt zum Ablesen der Stromstärke, zur unmittelbaren Angabe des Isolationswiderstandes eingerichtet sein. Das Verfahren beim Isolationsprüfen ist durch Abb. 4 dar-

Stromrichtung und Klemmenbezeichnung. 45

gestellt. Eine Stromquelle wird einerseits an Erde gelegt, etwa bei a mit einer benachbarten Gas- oder Wasserleitung verbunden, und anderseits an die Klemme b des Meßgeräts V angeschlossen. Wird von der anderen Klemme c des Meßgeräts aus ein Draht nach der zu untersuchenden Leitung $d\,e$ gezogen, so ist der Stromkreis $a\,b\,c\,d$ durch die den Isolationsfehler verursachende Erdschlußstrecke $x\,y$ geschlossen und die auftretende Stromstärke durch deren Widerstand bedingt. Erdschluß kann entstehen, wenn die Lichtleitung $d\,e$ an einer feuchten Mauer anliegt, die den Stromübergang auf die vorbezeichnete Gasleitung übermittelt.

43. Stromrichtung und Klemmenbezeichnung. Ein galvanisches Element, etwa hergestellt durch Eintauchen einer Kupfer- und einer Zinkplatte in verdünnte Schwefelsäure (Abb. 5), hat am Kupfer die positive (+) und am Zink die negative (—) Klemme.

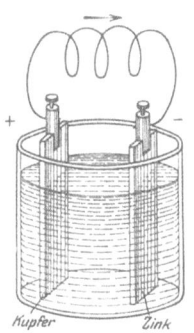

Abb. 5.

Verbindet man die Klemmen durch einen Draht, so wird er in der Richtung des in Abb. 5 angegebenen Pfeils vom Strom durchflossen.

An Gleichstromerzeugern ist demnach diejenige Klemme positiv (+), von der der Strom ausgehend den äußeren Stromkreis durchfließt. Die entgegengesetzte Klemme ist negativ (—). An den für Aufnahme elektrischen Stromes bestimmten Stromverbrauchern, z. B. Bogenlampen, wird diejenige Klemme mit (+) bezeichnet, die mit der + Klemme des Stromerzeugers oder der zugehörigen Leitung verbunden werden soll. Der Strom tritt somit an der mit + bezeichneten Klemme in die Lampe ein.

In Gleichstrombetrieben wird die mit der + Klemme der Maschine verbundene Netzleitung mit P und die mit der — Klemme verbundene Leitung mit N bezeichnet.

In Wechselstromanlagen fehlen die vorgenannten Zeichen wegen des fortwährenden Wechsels der Stromrichtung. Die Netzleitungen in Drehstrombetrieben erhalten die Bezeichnungen R, S und T.

44. Gleichstrom. Der Strom fließt in gleicher Richtung und bei gleichbleibendem Widerstand des Stromkreises in gleicher Stärke, läßt sich sonach durch eine Gerade *a b* (Abb. 6) darstellen.

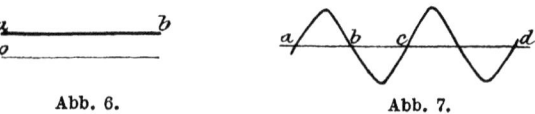

Abb. 6.　　　　　Abb. 7.

45. Wechselstrom. Der Strom wechselt in kurzen Zeiträumen die Richtung. Für **Einphasenstrom** ist das in Abb. 7 durch die den Stromverlauf darstellende Wellenlinie gezeigt. Denkt man sich in Abb. 7 oberhalb der geraden Linie die positive und unterhalb die negative Stromrichtung, so ergibt sich aus der Wellenlinie *a b c d*, daß der Strom vom Nullwert bei *a* anfangend zu einem positiven Höchstwert ansteigt und dann abfallend bei *b* den Nullwert wieder erreicht. Von da ab beginnt das gleiche Spiel auf der negativen Seite zwischen *b* und *c*. Die bei den in Deutschland gebauten Maschinen sich ungefähr 50 mal in der Sekunde wiederholende Welle *a c* nennt man eine Periode und die Anzahl der Perioden in der Sekunde Frequenz oder Pulszahl. Man sagt die Maschine hat eine Frequenz gleich 50 oder 50 Pulse.

Für Lichtbetrieb ist die Pulszahl gleichgültig, wenn sie nicht unter ein Mindestmaß, etwa unter 25 Pulse, sinkt, wobei das Licht flimmern würde. Bei Drehstrommotoren ist die Drehzahl von der Pulszahl abhängig. Motoren können im allgemeinen nur für die Pulszahl verwendet werden, für die sie gebaut sind.

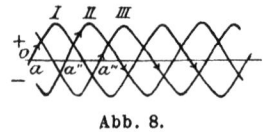

Abb. 8.

Bei **Drehstrom** (Dreiphasenstrom) bestehen drei in ihrer zeitlichen Folge gegeneinander verschobene, in drei Leitungen verlaufende Wechselströme. Wie in Abb. 8 dargestellt ist, geht zuerst der Strom I in *a* von der — Richtung durch *o* in die + Richtung über, später der Strom II bei *a″* und noch später der Strom III bei *a‴*.

Lampenschaltung.

46. Lampenschaltung. Das nachstehend erläuterte Parallel- und Hintereinanderschalten von Lampen bildet die Grundlage für die unter 116 beschriebenen Leitungssysteme.

a) Parallelschaltung. Die Lampen bei a (Abb. 9) werden an die spannungführenden Leiter P und N angeschlossen, aus denen sich der Strom in die Lampen verteilt. Bei dieser für Glühlampenbetrieb allgemein gebräuchlichen Schaltung sind die Lampen gegenseitig unabhängig. Jede Lampe kann für sich ein- und ausgeschaltet werden. Die Lampen müssen nur der Bedingung genügen, daß sie für die Spannung im Leitungsnetz, d. h. für die Spannung zwischen den Leitern P und N (Abb. 9), geeignet sind.

b) Hintereinander- oder Reihenschaltung. Eine bestimmte Lampenzahl b (Abb. 9) ist hintereinandergereiht und mit den Leitungsenden an die spannungführenden Leiter P und N angeschlossen. Die hintereinander gereihten

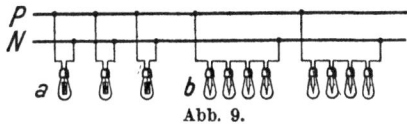

Abb. 9.

Lampen sind von dem gleichen Strom durchflossen; sie müssen auch für gleiche Stromstärke gebaut sein, weil sonst ihre Leuchtkörper ungleich glühen würden. Die Summe der Spannungen der hintereinander geschalteten Lampen muß gleich der Spannung im Leitungsnetz sein. Die hintereinander geschalteten Lampen können nur gemeinsam ein- und ausgeschaltet werden.

Hintereinanderschaltung wird angewendet, wenn die Spannung der einzelnen Lampen einen Teilbetrag der Spannung im Leitungsnetz ausmacht. Es ist das z. B. bei den kleinen Lampen für Weihnachtsbaum-Beleuchtung der Fall. Sind die Lampen für 15 Volt bestimmt und die Leitungsspannung beträgt 120 Volt, so müssen $\frac{120}{15} = 8$ solche Lampen hintereinander geschaltet werden. Bei Aufträgen für die Lampenlieferung muß bekannt gegeben werden, daß die Lampen für Hintereinanderschaltung bestimmt sind, damit sie für gleiche Stromstärke geliefert werden.

Maschinen.

47. Kraftmaschinen für Stromerzeugerantrieb. Die Wellen großer Stromerzeuger sind mit den Kraftmaschinen-Wellen unmittelbar gekuppelt. Stromerzeuger für kleine Leistungen erhalten wegen ihrer hohen Umlaufzahl im allgemeinen Riemenantrieb. Beim Antrieb durch Dampfturbinen, mit der ihnen ebenfalls eigenen hohen Umlaufzahl, ist für kleine und große Stromerzeuger unmittelbare Kupplung der Maschinenwellen im Gebrauch.

Für Lichtbetrieb ist gleichmäßiger Gang der Kraftmaschinen erste Bedingung. Sollen Kraftmaschinen zum Stromerzeugerantrieb und gleichzeitig für anderweitige Kraftabgabe dienen, so muß untersucht werden, ob die für den Antrieb der elektrischen Maschinen erforderliche Leistung zur Verfügung steht, und ob bei elektrischer Lichtlieferung die Gleichförmigkeit des Antriebes genügt.

Die Treibriemen für Stromerzeuger müssen an den Stoßstellen sorgfältig verleimt sein, wenn die Riemenstöße keine Lichtschwankungen verursachen sollen.

48. Aufstellen der Maschinen. Der Maschinenbetrieb erfordert gut gelüftete helle Räume. Für das Zuleiten kühler staubfreier Luft und das Ableiten der erwärmten Luft muß gesorgt werden. Alle Teile der Einrichtung müssen von den Wärtern bequem erreicht und überblickt werden können. Enge Räume verhindern gutes Instandhalten der Maschinen.

Bei der Wahl des Aufstellungsortes für die Kraftmaschinen zum Stromerzeugerantrieb beachte man ferner, daß Geräusche und Erschütterungen durch die umlaufenden Teile, durch die Kolbenstöße der Maschinen und durch den Auspuff der Explosionsmotoren unvermeidbar sind. Um die Nachbarschaft nicht zu belästigen muß durch geeignete Anordnung der Fundamente, schalldämpfende Filzunterlagen, durch zweckentsprechende Auspuffeinrichtungen für Explosionsmotoren und dergleichen für Verminderung der Geräusche gesorgt werden.

Die von den elektrischen Maschinen selbst herrührenden Geräusche sind gering, so daß weitgehenden Anforderungen an die Ruhe des Betriebs genügt werden kann. Immerhin

Stromerzeugende Maschine (Generator). 49

können in Wohnhäusern aufgestellte Elektromotoren durch die Schwingungen des Magnetismus (pfeifender Ton), durch das Luftgeräusch (Sausen) der umlaufenden Teile oder durch den kreischenden Ton der Kohlebürsten störend wirken. Vorbeugungsmaßnahmen bestehen in der Wahl geeigneter Maschinenbauart (langsam laufende und gekapselte Maschinen), ferner im Verwenden einer schalldämpfenden Unterlage für die Maschine und eines gleichen Schutzkastens. Bei Maßnahmen letzterer Art muß dafür gesorgt werden, daß mangelnde Luftzufuhr keine übermäßige Erwärmung der Maschine verursacht. Das Erfüllen dahingehender Forderungen wird erleichtert, wenn beim Auftragerteilen entsprechende Wünsche geäußert werden.

49. Stromerzeugende Maschine (Generator).

a) Gleichstrommaschine. Sie besitzt feststehende Magnete M (Abb. 10) mit den Polschuhen S und N und

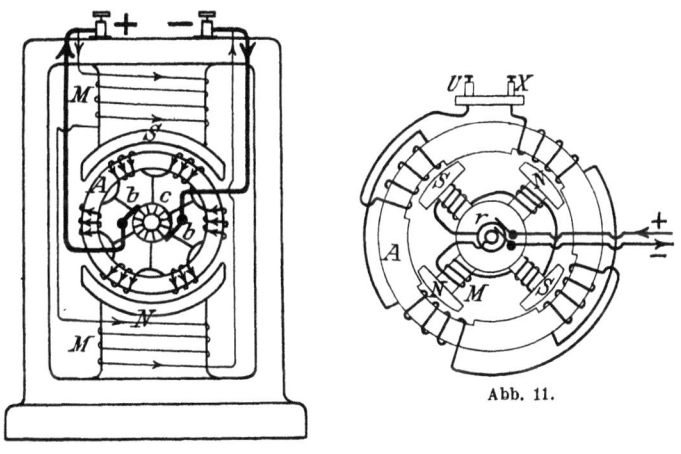

Abb. 10.

Abb. 11.

einen umlaufenden Anker A. In letzterem wird die elektrische Spannung erzeugt. Der Strom wird den auf dem Kommutator c schleifenden Stromabnehmerbürsten b entnommen. Die Magnete M sind sog. Elektromagnete, d. h. Eisenkerne, die mit isoliertem Draht umwickelt sind.

Dadurch, daß die Drahtumwickelungen (Magnetspulen) vom Strom durchflossen werden, erhalten die Eisenkerne ihre magnetische Eigenschaft.

b) **Wechselstrommaschine.** Bei der Wechselstrommaschine sind, im Gegensatz zur Gleichstrommaschine, meistens die Magnete mit der umlaufenden Maschinenwelle verbunden, während der Anker stillsteht. Das ist in Abb. 11 für eine **Einphasenstrommaschine** angedeutet. Den mit der Maschinenwelle sich drehenden Magneten M wird mit Hilfe der Schleifringe r Gleichstrom von einer anderweitigen Stromquelle aus zugeführt. Durch das Drehen des Magnetsterns entsteht in den Drahtspulen des Ankers A elektrische Spannung, und zwar bei Bewegung der Magnete gegen die Ankerspulen in der einen und bei der Bewegung von den Ankerspulen weg in der anderen Richtung, woraus sich der in Abb. 7 durch eine Wellenlinie dargestellte Stromverlauf ergibt. Der in den Ankerspulen entstehende Strom wird den Maschinenklemmen UX und von diesen aus dem äußeren Stromkreis zugeführt.

Da bei der Wechselstrommaschine der für die Speisung der Magnete M (Abb. 11) notwendige Gleichstrom, der Erregerstrom, nicht von den Maschinenklemmen abgenommen werden kann, so wird mit der Welle der Wechselstrommaschine eine Erregermaschine (Gleichstrommaschine) gekuppelt, oder der Gleichstrom wird anderweitig erzeugt

Bei der **Drehstrommaschine**, die ähnlich gebaut ist wie die Einphasenstrommaschine, wird durch geeignete Spulenschaltung die in Abb. 8 dargestellte Aufeinanderfolge von drei Wechselströmen erzeugt. Zur Entnahme der drei Ströme hat die Drehstrommaschine drei Klemmen.

50. Elektromotor. Im Gegensatz zur stromerzeugenden Maschine wird dem Elektromotor elektrischer Strom zugeführt. Die von der Welle des Motors ausgeübte mechanische Kraftäußerung entsteht durch die gegenseitige Wirkung der im festen und umlaufenden Teil der Maschine fließenden Ströme.

a) **Gleichstrommotor.** Je nach den Betriebsbedingungen werden verschiedenartige Magnetschaltungen verwendet, von denen die gebräuchlichsten nachstehend angegeben sind:

Elektromotor. 51

In Abb. 12 ist ein Hauptstrommotor dargestellt. W bezeichnet den in die Stromzuleitung eingeschalteten Anlasser, S den Stromzeiger und Z einen zweipoligen Schalter. Der Motor, bei dem die Magnetwickelung M und die Ankerwickelung A hintereinander geschaltet von gleichstarkem Strom durchflossen werden, besitzt in höherem Grade als der nachstehend beschriebene Nebenschlußmotor die Eigenschaft, unter hoher Belastung anzulaufen. Er unterliegt aber bei wechselnder Belastung großen Schwankungen in der Umlaufzahl, die mit steigender Belastung abnimmt. Um die Umlaufzahl des Motors zu regeln, wird ein Regulierwiderstand W in seinen Stromkreis geschaltet.

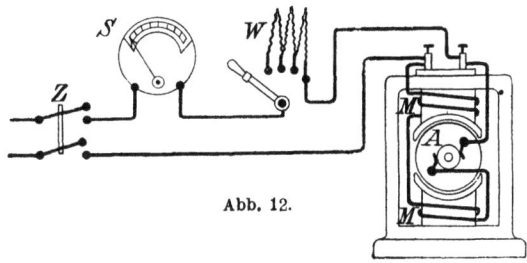

Abb. 12.

Hauptstrommotoren werden verwendet, wenn Anlaufen unter großer Zugkraft, wie beim Betrieb von Straßenbahnwagen und Kränen, verlangt wird und der Motor nie unbelastet läuft. Bei unbelastetem Motor würde die Umlaufzahl zu gefährlicher Höhe ansteigen.

Beim Nebenschlußmotor (Abb. 13) ist die aus dünnem Draht bestehende Wickelung der Magnete M von den Hauptstromleitungen abgezweigt. Der Nebenschlußmotor besitzt die für viele Zwecke schätzenswerte Eigenschaft, daß er bei wechselnder Belastung nahezu unveränderte Umlaufzahl behält; vorausgesetzt ist dabei gleichbleibende Spannung im Leitungsnetz. Die Umlaufzahl von Nebenschlußmotoren kann durch Verstellen eines die Magneterregung beeinflussenden Regulierwiderstandes geändert werden. Der in den Stromkreis der dünndrähtigen Magnetwickelung geschaltete, also von schwachem Strom durchflossene Regulierwiderstand ist kleiner als der für einen

4*

52 Maschinen.

gleichgroßen Hauptstrommotor. Die im Regulierwiderstand eines Nebenschlußmotors auftretenden Arbeitsverluste fallen daher weniger ins Gewicht als die Verluste im Regulierwiderstand eines Hauptstrommotors.

Zum Ingangsetzen eines Motors wird der Stromkreis mit dem Schalter Z oder mit der Kurbel des Anlassers W (Abb. 12 u. 13) geschlossen und dann die Anlasserkurbel allmählich in die Endstellung verschoben, so daß die Endstellung der Anlasserkurbel erreicht wird, wenn der Motor auf volle Umlaufzahl gekommen ist. Beim Abstellen des Motors wird die Anlasserkurbel in der entgegengesetzten Richtung zurückgeschoben und dann der Stromkreis unterbrochen, ohne daß man abwartet, bis der Motor infolge

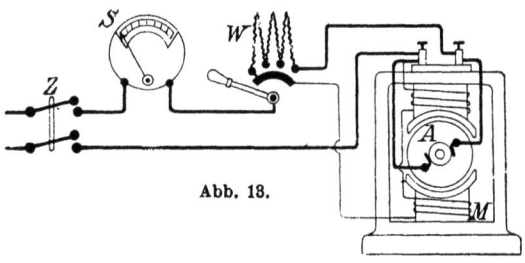

Abb. 18.

der mittelst des Anlassers bewirkten Widerstandseinschaltung seine Umlaufzahl vermindert.

b) Wechselstrommotor. Wenn die Umlaufzahl nicht regelbar sein muß, so werden für Einphasenstrom und Drehstrom meistens Induktionsmotoren verwendet. Der umlaufende Teil, der Anker, besitzt entweder in sich geschlossene Windungen, oder die Windungen endigen in Schleifringen, deren Bürsten mit einem Anlasser W (Abb. 14) verbunden werden. Die Ankerwickelung hat keine Verbindung mit dem Leitungsnetz, die Stromaufnahme des Ankers erfolgt durch Transformatorwirkung (vgl. 57).

Einphasen-Induktionsmotoren sind für große Zugkraft im Anlauf, wie sie z. B. bei Aufzügen verlangt wird, ungeeignet. Es werden dann Kommutatormotoren verwendet, die ähnlich wie Gleichstrommotoren gebaut sind. Dabei nimmt man je nach Art der Anlage Maschinen, die als Kommutatormotoren

Elektromotor.

anlaufen und nach erfolgter Umschaltung als Induktionsmotoren weiterlaufen, oder solche, die auch im normalen Lauf als Kommutatormotoren betrieben werden.

Abb. 14 zeigt das Schaltbild eines Drehstrommotors, dessen Anker mit Schleifringen für das Anschließen an den Anlasser *W* versehen ist. Beim Anlassen des Motors muß vor dem Schließen des Hauptschalters *Z* die Schaltkurbel des Anlassers *W* in die in der Abbildung gezeigte Endstellung gebracht sein. Während des Anlaufes wird die Kurbel allmählich in die entgegengesetzte Endstellung

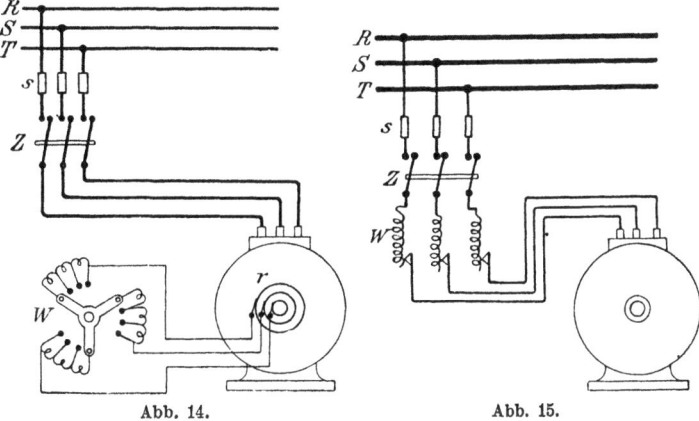

Abb. 14. Abb. 15.

nach rechts verschoben. Ausgeschaltet wird der Motor durch Öffnen des Hauptschalters *Z*.

Drehstrommotoren mit Kurzschlußanker (Abb. 15), deren Ankerwickelung in sich geschlossen und nicht mit Schleifringen versehen ist, zeichnen sich durch Einfachheit in der Bedienung aus. Das Anlassen und Abstellen des Motors ist unmittelbar mit Hilfe eines Schalters möglich. Der in Abb. 15 angegebene, in die Stromzuleitungen eingebaute Anlasser *W* ist für das Anlassen des Motors an und für sich nicht notwendig, er hat den Zweck, den Stromstoß beim Anlassen des Motors und damit die Spannungsschwankungen im Leitungsnetz zu verringern. Wegen des starken Stromstoßes beim Ingangsetzen dieser Motoren können sie nur bis zu Leistungen verwendet werden, bei denen die Spannung im Leitungsnetz durch das Motoranlassen nicht zu sehr beeinflußt wird. Die Motoren mit Kurzschlußanker sind nicht imstande, beim Ingangsetzen so stark anzuziehen wie die Motoren mit Anlasser im Ankerstromkreis; sie sind nur für Anlauf unter geringer Belastung brauchbar. Ist ein Anlasser W (Abb. 15) vorhanden, so müssen die Anlaßwiderstände beim Ingangsetzen des Motors nach em Schließen des Schalters Z allmählich ausgeschaltet werden. Ist kein Anlasser vorhanden, so wird der Motor lediglich durch das Schließen und Öffnen des Schalters an- und abgestellt. Bei großen Motoren mit Kurzschlußanker verwendet man Anlaßtransformatoren, um großen Stromstößen auf das Leitungsnetz beim Motoranlassen vorzubeugen.

Drehstrommotoren, bei denen die **Anlaßvorrichtung in den umlaufenden Anker eingebaut ist**, vereinigen die Vorteile des Anlaufens unter Belastung und einfachster Bedienung. Das Schalten der Anlaßvorrichtung nach erreichter Umlaufzahl geschieht selbsttätig. Derartige Motoren werden lediglich durch Schließen des Schalters Z (Abb. 14 und 15) angelassen und durch Öffnen des Schalters abgestellt.

Um **Drehstrommotoren** in der Umlaufzahl zu regeln, werden Widerstände in den Ankerstromkreis geschaltet, wie in Abb. 4 angegeben ist. Die Widerstände müssen, abweichend von den nur für vorübergehende Belastung hergestellten Anlaßwiderständen, für dauernde Strombelastung bemessen sein. Durch das Einschalten der Widerstände wird der Wirkungsgrad der Motoren verringert. Als Induktionsmotoren gebaute **Einphasenmotoren** lassen sich durch Regulierwiderstände in der Umlaufzahl nicht regeln.

Die Wechselstrom-Induktionsmotoren, sowohl für Einphasen- wie für Drehstrom, haben den Charakter des Nebenschlußgleichstrommotors (Abb. 13), indem sie bei wechselnder Belastung nahezu gleichbleibende Umlaufzahl besitzen. Die Wechselstromkommutatormotoren haben in der Regel den Charakter des Hauptstrommotors für Gleichstrom (Abb. 12), indem die Umlaufzahl mit steigender

Belastung stark sinkt. Wird die bei Wechselstromkommutatormotoren erreichbare große Anlauf-Zugkraft gewünscht, während beim normalen Lauf gleichbleibende Umlaufzahl verlangt wird, so wird der mit Kommutator ausgerüstete Motor beim Anlauf als Kommutatormotor geschaltet und hernach durch Umschalten als Induktionsmotor betrieben. Auch werden Wechselstromkommutatormotoren so gebaut, daß sie den Charakter von Nebenschlußmotoren für Gleichstrom (Abb. 13) haben.

c) Bauart der Elektromotoren. Unter Berücksichtigung des Aufstellungsortes für den Motor und der Verwendungsart muß entschieden werden, ob ein Motor in offener Bauart oder mit einem gelüfteten Gehäuse oder vollständig gekapselt am zweckmäßigsten ist, außerdem ob weiterer Schutz gegen Feuchtigkeit, ätzende Dämpfe u. dgl. durch besondere Isolierung oder durch Tränkung der Motorwicklung verlangt werden muß.

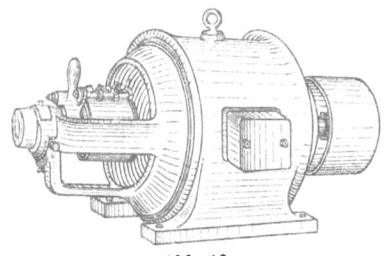

Abb. 16.

Unabhängig von Vorbezeichneten können zum Zweck des Zusammenbaues von Motoren mit Arbeitsmaschinen die verschiedenartigsten Bedingungen bestehen, unter anderem kann ein Abweichen von der üblichen wagrechten Lage der Maschinenwelle verlangt sein, z. B. lotrechte Lage der Welle bei Bohrmaschinen. Bei kleinen Motoren wird unter Umständen das Festschrauben an der Wand oder Decke in Frage kommen.

Will man einen den bestehenden Verhältnissen gut angepaßten Motor erhalten, so müssen die Betriebsbedingungen bei der Anfrage wegen der Motorlieferung und beim Auftragerteilen genau angegeben werden, weil nur dann mit zufriedenstellender Erfüllung des Auftrags gerechnet werden kann.

Offene Bauart (Abb. 16) bietet den Vorteil, daß die zu bedienenden Teile der Maschine, der Kommutator, oder die Schleifringe und die Bürsten unbehindert zugänglich sind. Dadurch wird die Gewähr für gutes Instandhalten der Maschinen erhöht, im Gegensatz zur Kapselung, bei der diese Teile der unmittelbaren Beobachtung entzogen sind und daher eher vernachlässigt werden. Offene Bauart begünstigt die Kühlung der sich erwärmenden Maschinenwickelung, so daß die Maschinen höhere Belastung ertragen und daher kleiner und billiger genommen werden können, als wenn sie ohne Lüftung gekapselt sind. Offene Bauart ist aber nur zulässig, wenn ein Beschädigen der Maschine durch äußere Einflüsse, durch Tropfwasser, Staub u. dgl. nicht zu befürchten ist und, wenn nur unterwiesene Wärter Zutritt zur Maschine haben oder die Maschine so aufgestellt wird, daß Unberufene vom Berühren blanker spannungführender Teile ferngehalten werden.

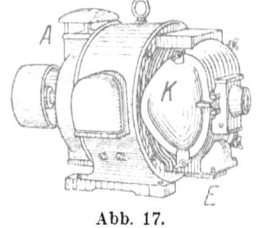
Abb. 17.

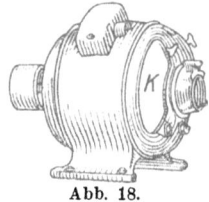
Abb. 18.

Gelüftet gekapselte Bauart (Abb. 17) wird angewendet, wenn Schutz der Maschine gegen mechanische Beschädigung durch Fremdkörper, auch gegen Tropfwasser, notwendig ist oder wenn die Maschine elektrotechnisch unerfahrenen Wärtern anvertraut werden soll. Die blanken, spannungführenden Teile sind dabei gegen Berühren geschützt, aber es sind genügend Öffnungen für das Eintreten von Kühlluft und das Ableiten der erwärmten Luft vorhanden. Bei dem in Abb. 17 dargestellten Motor tritt die Kühlluft bei E ein und unter dem Schutzdach bei A aus. Mit der Maschinenwelle verbundene Windflügel drücken die Kühlluft durch die Maschine. Zum Bedienen des Kommutators oder Bürsten sind im Lagerschild beiderseits Klappen K angebracht.

Vollständige Kapselung (Abb. 18) ist notwendig, wenn Schutz gegen fein verteilten Staub, explosible

Elektromotor. 57

Gemische od. dgl. verlangt wird. Der Schutz gegen explosibles Gemisch muß für die vorkommende Gasart erprobt sein; die Maschinen sollten in solchen Fällen nur bewährten Unternehmern in Auftrag gegeben werden. Da bei vollständiger Kapselung die Kühlung durch Luftzutritt zur Maschinenwickelung und zum Kommutator oder zu den Schleifringen fehlt, so können die Maschinen nicht so hoch belastet werden, wie bei offener Bauart, und müssen daher größer genommeu werden.

Ein neben dem gekapselten Motor notwendiger ebenfalls gekapselter Anlasser ist in Abb. 19 gezeigt. Das Ingangsetzen und Abstellen des Motors geschieht durch Drehen des Handrades H in die auf einem Teilkreis angegebenen Ruhelagen.

Will man Luftkühlung auch bei gekapselten Motoren erreichen, so kann das Maschinengehäuse mit Rohranschlüssen zum Zuleiten der Kühlluft und zum Ableiten der erwärmten Luft versehen werden. Die Rohre können bei dem in Abb. 17 gezeigten Motor mit Flanschen bei E und A angesetzt werden.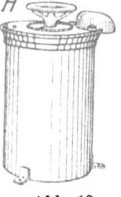

Abb. 19.

Die Kühlluft muß einer möglichst staubfreien Stelle entnommen werden, wenn nicht dem Saugrohrende ein Luftfilter vorgebaut ist.

d) **Anordnen des Antriebes der Arbeitsmaschinen.** Beim Betrieb einer größeren Zahl von Arbeitsmaschinen kann man für jede einen gesonderten Motor anwenden (Einzelantrieb) oder kleine Gruppen von Arbeitsmaschinen bilden, die durch je einen Motor mittels Wellenvorgelege angetrieben werden (Gruppenantrieb). Auf alle Fälle sollte man ausgedehnte, großen Arbeitsverlust verursachende Wellen- und Riemenübertragungen vermeiden. Die Frage, ob besser Einzel- oder Gruppenantrieb angewendet wird, muß unter Zugrundelegung der jeweiligen Verhältnisse untersucht werden und kann daher im nachstehenden nur allgemein giltig besprochen werden.

Einzelantrieb bietet den Vorteil, daß jede Arbeitsmaschine für sich an- und abgestellt werden kann. Durch das Fehlen von Übertragungs-Wellen und Scheiben werden die Anlagen einfacher und übersichtlicher, den Arbeitsplätzen wird durch sonst notwendige Riemen kein Licht entzogen. Infolge des Fortfallens schwerer Wellenübertragungen kann das Gebäude leichter und billiger hergestellt werden. Nachteile bei Einzelantrieb sind, daß der Wirkungsgrad für kleine Motoren etwas geringer ist als für große. Einzelantrieb kommt vorteilhaft zur Geltung wenn der Kraftbedarf nach langen Pausen auftritt und kurze Zeit dauert, wenn die Arbeitsmaschinen sehr schnell laufen, der Kraftverbrauch und die Umlaufzahl wechseln, wenn die Arbeitsmaschinen vereinzelt stehen oder ortsveränderlich sind. Wird sehr gleichmäßiger Lauf der Arbeitsmaschinen verlangt, so ist nur Einzelantrieb geeignet. Mit rasch laufenden Arbeitsmaschinen werden die Motoren in der Regel unmittelbar gekuppelt. Für langsam laufende Arbeitsmaschinen müssen Zwischengetriebe verwendet werden, weil zu unmittelbarer Kupplung geeignete Motoren zu groß und zu teuer würden. Als Zwischengetriebe dienen Zahnräder oder Riemen. Will man bei Riemenantrieb kleine Motoren mit den Arbeitsmaschinen in einem Gestell vereinigen, so läßt sich das durch federnd angeordnete Vorgelege oder Riemenspannrollen erreichen.

Gruppenantrieb stellt sich in den Anschaffungskosten für den einen größeren Motor, an Stelle mehrerer kleiner Motoren, billiger als Einzelantrieb. Auch die Betriebskosten können bei Gruppenantrieb, trotz der im Vergleich zum Einzelantrieb hinzukommenden Arbeitsverluste in der Wellenübertragung, geringer sein, wenn die Verluste durch den höheren Wirkungsgrad des großen Motors aufgewogen werden. Das ist aber nur möglich, wenn die Übertragungswelle nicht zu lang ist. Inwieweit der Wirkungsgrad größerer Motoren demjenigen kleiner Motoren überlegen ist, ergibt sich aus der Betriebskostentabelle (S. 6), nach der die stündlichen Kosten beim Grundpreis von 50 Pf. für den einpferdigen Motor 46 Pf. und für den zehnpferdigen Motor nur Mk. 3,90 betragen. Die Größe des Motors wählt man tunlichst so, daß sich bei der am häufigsten vorkommenden Belastung günstigster Wirkungsgrad ergibt. Dabei können kurz dauernde höhere Belastungen, bei denen der Motor weniger vorteilhaft arbeitet, in den Kauf genommen werden, solange der Motor durch die Überlastung nicht Schaden leidet. Gruppenantrieb ist angebracht, wenn die Arbeitsmaschinen entweder dauernd angenähert voll belastet sind, oder wenn bei wechselnder Beanspruchung der einzelnen Arbeitsmaschinen die gesamte Kraftentnahme in gewissen Grenzen gleichmäßig ist, indem sich der Kraftverbrauch durch die verschiedene Beanspruchung der Arbeitsmaschinen ausgleicht.

51. Normalien für die Maschinenleistung. Die in Deutschland von allen gut eingerichteten Fabriken für den inländischen Verkauf gebauten Maschinen waren unter geregelten Verhältnissen ausnahmslos nach den vom Verband Deutscher Elektrotechniker angenommenen „**Normalien für Bewertung und Prüfung von elektrischen Maschinen und Transformatoren**"[1]) bemessen. Für die zum Bau der Maschinen auch jetzt teilweise noch verwendeten Ersatzstoffe bestehen ebenfalls Bestimmungen des genannten Verbandes (vgl. 20). Die den Normalien und den sie ergänzenden Bestimmungen für Ersatzstoffe entsprechende Maschinenleistung ist auf dem Leistungsschild (vgl. 52), wie es an jeder Maschine angebracht ist, verzeichnet. Sonach kann damit gerechnet werden, daß man von bewährten Fabriken in elektrotechnischer Hinsicht ungefähr gleichwertige Maschinen erhält.

52. Leistungsschild. Auf dem Leistungsschild der Maschinen und Transformatoren ist unter anderem angegeben bei Gleichstromerzeugern die Leistung in Kilowatt (kW), bei Wechselstromerzeugern die Leistung in Kilovoltampere (kVA) nebst Leistungsfaktor. Der Leistungsfaktor (cos φ) ist der Zahlenwert, mit dem bei Wechselstrommaschinen das Produkt aus Stromstärke und Spannung multipliziert werden muß, um die Leistung in Kilowatt zu erhalten. Die mechanische Leistung von Motoren ist in Kilowatt (kW) und in Pferdestärken (PS) oder nur in einer dieser Größen angegeben, 0,736 kW = 1 PS (vgl. 38). Außerdem sind angegeben die Umlaufzahl und bei Wechselstrommaschinen die Frequenz (vgl. 45), ferner die Spannung und Stromstärke.

Da die Belastung der Maschinen und Transformatoren verschieden hoch zulässig ist, je nachdem es sich um

---

[1]) Verlag von Julius Springer, Berlin.

60 Maschinen.

dauernden oder vorübergehenden Betrieb handelt, so werden folgende Betriebsarten unterschieden:

a) **Dauerbetrieb**, bei dem die Belastung der Maschine oder des Transformators in der angegebenen Höhe beliebig lang fortgesetzt werden darf, ohne daß die zulässige Erwärmung der Spulen überschritten wird. In diesem Fall ist auf dem Leistungsschild über die Betriebsdauer nichts angegeben.

b) **Kurzzeitiger Betrieb**, bei dem die angegebene Belastungshöhe nur während der auf dem Leistungsschild verzeichneten Zeitdauer bestehen darf, wenn die zulässige Erwärmung nicht überschritten werden soll.

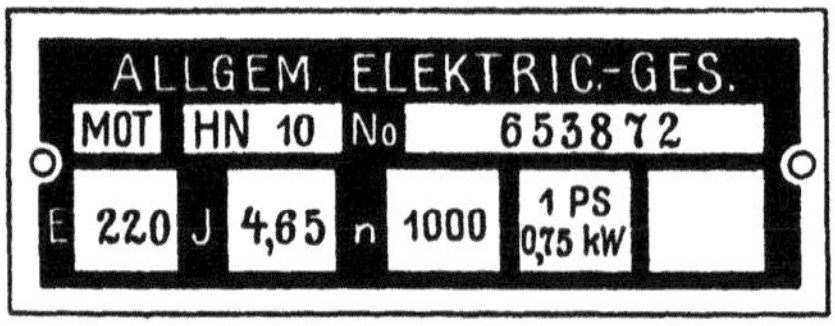

Diese Unterscheidung der Betriebsarten ermöglicht das Anpassen der Maschinen an bestehende Verhältnisse, indem man für kurzzeitigen Betrieb eine kleinere, somit billigere Maschine nehmen kann, als wenn gleiche Leistung während unbegrenzter Betriebsdauer verlangt wird.

Abb. 20.

Durch die auf dem Leistungsschild angegebenen Werte soll nicht gesagt sein, daß die bezeichnete Belastung nicht überschritten werden darf. Mäßiges Überschreiten der angegebenen Grenzwerte ist statthaft, solange die Durchschnittsbelastung nicht höher wird, als auf dem Leistungsschild angegeben ist, und solange die Erwärmung der Maschine das zulässige Maß nicht übersteigt.

Zur Erläuterung sind zwei Leistungsschilder für Elektromotoren abgebildet. Leistungsschild Abb. 20 gehört zu einem Gleichstrommotor. Auf der ersten Zeile des Schildes ist die Fabrik angegeben, von der der Motor stammt. Die zweite Zeile enthält die Bezeichnung der Maschinenart und die Maschinen-Nummer. Bei der Nachbestellung von Zubehörteilen müssen diese Bezeichnungen bekannt gegeben werden. Auf der dritten Zeile sind angegeben: Die für den Betrieb des Motors notwendige Spannung E „220 Volt", die Stromstärke J „4,65 Ampere" bei voller Belastung des

Motors, die Umlaufzahl n „1000 Umläufe in der Minute", die von der Motorwelle abgegebene Leistung in Pferdestärken „1 PS" und in Kilowatt „0,75 kW".

Leistungsschild Abb. 21 gehört zu einem Drehstrommotor. Zur Ergänzung des Vorerwähnten bedarf nur die dritte Bezeichnungsreihe einer Erläuterung. Es sind angegeben: E, Klemmenspannung bei Dreieckschaltung „220 Volt Δ", bei Sternschaltung „380 Volt Y" und die Spannung „e,95 Volt" zwischen den Schleifringen des erregten, stillstehenden Motors bei abgeschaltetem Anlasser. Letztere Angabe ist für den Fachmann. der den Motor aufstellt, bestimmt; sie gibt Anhalt zum Bemessen des Querschnitts der Verbindungsleitungen zwischen den Schleifringen und dem Anlasser.

J, die zu den vorgenannten Schaltungen bei voller Belastung des Motors gehörigen Stromstärken

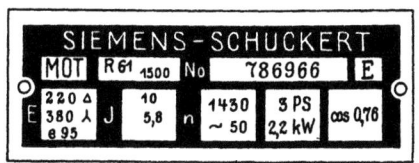

Abb. 21.

„10 Ampere bei Dreieckschaltung Δ, 5,8 Ampere bei Sternschaltung Y".

n, Umlaufzahl „1430 Umläufe in der Minute" und Frequenz „∼ 50", d. h. 50 Perioden in der Sekunde.

3 PS, Leistung an der Motorwelle in Pferdestärken.

2,2 kW, Leistung an der Motorwelle in Kilowatt.

cos φ = 0,76, Leistungsfaktor, vgl. erster Absatz.

53. Instandhalten der elektrischen Maschinen. Das Instandhalten erstreckt sich im wesentlichen auf das Reinhalten sämtlicher Teile, auf sorgfältiges Behandeln des Kommutators oder der Schleifringe und der Bürsten, ferner auf das Ölen der Lager.

Bei allen Arbeiten an den Wickelungen, am Kommutator und den Bürsten muß die Maschine allpolig vom Leitungsnetz abgeschaltet werden. Nötigenfalls werden die Sicherungen herausgenommen.

Maschinen, für die Ersatzstoffe verwendet sind, haben nicht die gleiche Vollkommenheit, wie die mit altbewährtem Kupfer und Isolierstoff gebauten Maschinen. Bei gutem

Instandhalten kann aber auch mit diesen Maschinen voll befriedigende Betriebssicherheit erreicht werden. Vor allem müssen die von den Fabriken für das Behandeln der Maschinen gegebenen Anleitungen streng befolgt werden.

a) Reinigen. Abgesehen vom verlangten äußerlichen Reinhalten der Maschine, lege man Gewicht darauf, daß der an den bewegten Maschinenteilen sich festsetzende Staub, der unter Umständen mit leitenden Teilchen der Bürsten untermengt ist, rechtzeitig beseitigt wird. Andernfalls kann ein die Maschine gefährdender Stromübergang entstehen. Zum Abstauben von schwer erreichbaren Maschinenteilen bedient man sich eines Staubpinsels und eines Blasebalges oder bei größeren Anlagen eines mechanisch angetriebenen Gebläses.

b) Kommutator und Schleifringe müssen von Staub und Schmutz frei gehalten werden. Besondere Sorgfalt schenke man dem Kommutator, einem der empfindlichsten Maschinenteile. Nur mit glattem, gut laufenden Kommutator ist funkenloser Betrieb möglich.

An einem neuen, gut laufenden Kommutator sollten Schleifmittel, Glaspapier od. dgl., nicht angewendet werden, weil der Kommutator durch ungleichmäßiges Abschleifen unrund wird und dadurch Funkenbildung entsteht. Jedesmal vor Inbetriebnahme muß der Kommutator gut gereinigt werden. Bei Maschinen mit Kohlebürsten bringt man auf den umlaufenden Kommutator mit Hilfe eines reinen nicht fasernden Leinenlappens eine dünne Schicht Vaseline und reibt dann mit einem trockenen Tuch nach. Bei dem nur noch seltenen Verwenden von Metallbürsten kann der Kommutator in gleicher Weise mit säurefreiem Öl behandelt werden. Damit bezweckt man, einem Fressen der Bürsten auf dem Kommutator vorzubeugen. Während des Betriebes wird der Kommutator zeitweise mit einem reinen, mit Benzin angefeuchteten Tuch gereinigt und dann, wie vorstehend angegeben, neu eingefettet. Im übrigen beachte man die von der Fabrik gegebenen Anweisungen. Die zur Kommutator-Behandlung erforderliche Vaseline oder das Öl werden am besten vom Lieferanten der Maschine bezogen. Durch Mißgriffe im Behandeln des Kommutators wird dessen Dauer und

Instandhalten der elektrischen Maschinen. 63

damit der ganze Betrieb gefährdet Sollte durch das Einfetten verstärkte Funkenbildung eintreten, so muß es unterbleiben.

Beim Abstellen der Maschine wird der Kommutator mit einem reinen, mit Benzin getränkten Tuch von der durch das Einfetten entstandenen Schmutzschicht gründlich gereinigt.

Die Schleifringe der Wechselstrommaschinen werden behufs Erzielung geringen Abnutzens ebenso behandelt.

Wird ein Kommutator rauh, so schleift man ihn zunächst mit einem mit Corubinleinen belegten Schleifklotz ab. Der Schleifklotz muß der Kommutatorrundung genau angepaßt sein und darf nur mit einer Lage Corubinleinen, ohne weiche Zwischenlage, belegt werden, weil sich nur durch eine harte Schleiffläche vorstehende rauhe Teile beseitigen lassen. Genügt das Behandeln mit dem Schleifklotz nicht, und bilden sich auf dem Kommutator Riefen oder an einzelnen Kommutatorlamellen Brandflecken oder es tritt starke Funkenbildung ein, die sich durch geringe Bürsten-Verschiebung nicht beseitigen läßt, so muß ein Fachmann zugezogen werden. Verwerflich wäre es, durch Abfeilen des Kommutators helfen zu wollen, dadurch würde die Funkenbildung infolge Unrundwerdens des Kommutators nur erhöht.

c) Bürsten. Die Bürsten müssen mit genügender Kontaktfläche leicht federnd gegen den Kommutator oder die Schleifringe drücken. Zu starkes Andrücken hat übermäßige Erwärmung der Bürsten und des Kommutators, verbunden mit starker Abnutzung dieser Teile zur Folge; zu leichtes Andrücken führt zu Funkenbildung. Die Bürsten müssen so eingestellt sein, daß sich gar keine oder nur geringe Funken zeigen, die keinesfalls schädlichen Einfluß auf die Kommutatorgleitfläche haben dürfen. Beim Neueinsetzen von Bürsten achte man darauf, daß ihre den Kontakt vermittelnde Schleiffläche nicht beschädigt wird. Vor dem Einsetzen der Bürsten müssen die Bürstenhalter gut gereinigt werden. Die Bürsten müssen gleich weit aus den Haltern vorstehen und die Bürstenabstände auf dem Kommutatorumfang müssen gleich groß sein. Letzteres wird durch Abzählen der zwischen den Bürsten liegenden Kommutatorlamellen geprüft. Abgesehen von kleinen Maschinen, befinden sich auf jedem Bürstenbolzen mehrere in dessen Längsrichtung verschiebbare Bürstenhalter. Sie müssen so eingestellt sein, daß der Kommutator gleichmäßig abgenutzt wird. Zu dem Zweck werden die Bürsten auf zwei benachbarten verschiedenpoligen Bolzen gleichmäßig eingestellt und die Bürsten auf den folgenden Bolzenpaaren so verschoben, daß sie den von den vorhergehenden Bürsten frei gelassenen Kommutatorstreifen überdecken. Geschieht das nicht, so bilden sich auf dem Kommutatorumfang Riefen, die ein Ecken der Bürsten und dadurch Funkenbildung verursachen. Die Härte und Leitfähigkeit der Bürsten muß der Art des Kommutators angepaßt sein, für den einen Kommutator sind weichere, für den anderen härtere Bürsten vorteilhafter. Ersatzbürsten bezieht man am besten vom Lieferanten der Maschine. Durch ungeeignete Bürsten gefährdet man die Betriebssicherheit einer Anlage.

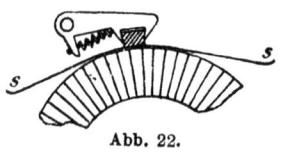

Abb. 22.

Als Stromabnehmerbürsten dienen vorwiegend Schleifkontakte aus Kohle, Kohlebürsten genannt. Metallbürsten werden nur noch bei Maschinen für niedrige Spannung, wenige Volt, und gleichzeitig hohe Stromstärke angewendet.

1. *Kohlebürsten.* Gutem Einschleifen der Bürstenkontaktflächen schenke man größte Sorgfalt. Neue Bürsten müssen vor der Inbetriebnahme der Maschine der Kommutatorrundung durch Abschleifen angepaßt werden. Zu dem Zweck preßt man die Bürste kräftig gegen den stillstehenden Kommutator und zieht einen Streifen Schmirgeloder Corubinleinen *s s* (Abb. 22), mit der rauhen Seite der Bürste zugewendet, in der Drehrichtung des Kommutators so oft unter der Bürste hindurch, bis ihre Kontaktfläche dem Kommutator angepaßt ist. Nach dieser Arbeit muß die Maschine gründlich abgestaubt werden. Mit derart behandelten Bürsten läßt man die Maschine zum weiteren Einschleifen einige Zeit leer laufen. Beim regelmäßigen Instandhalten sorge man dafür, daß auf den Bürstenschleifflächen sich festsetzender Schmutz und Metallstaub, unter

Instandhalten der elektrischen Maschinen. 65

Schonung der eingeschliffenen Fläche, abgewischt wird, am besten unter Zuhilfenahme von Benzin.

2. *Metallbürsten.* Schleifen sich die Bürsten an den vorderen Teilen der Gleitfläche nicht vollständig ab, so beseitigt man die überstehenden Teile mit einer Schere oder Feile. Kupferstaub und Schmutz, die sich in den Bürsten festsetzen, werden mit Hilfe von Benzin ausgespült. Zum Instandsetzen und Reinigen nimmt man die Bürsten am besten mit den Haltern von den Bolzen ab, um das Neueinstellen der Bürsten entbehrlich zu machen. Neu eingesetzte Bürsten läßt man bei leerlaufender Maschine einschleifen.

Metallbürsten werden durch Rückwärtsdrehen der Maschine beschädigt. Beim Rückwärtsdrehen muß man die Bürsten zuvor abheben.

d) Ölen. Die Wellenlager dürfen sich bei richtiger Schmierung nur so weit erwärmen, daß sie mit der Hand noch berührt werden können. Bei zu starker Lagererwärmung muß ungesäumt untersucht werden, ob genügend reines Öl eingefüllt ist und ob sich die Ölringe beim Betrieb der Maschine mitdrehen.

Vor dem ersten Inbetriebnehmen einer Maschine muß man die Lagerschmierung nachsehen und die Ölgefäße füllen. Im regelmäßigen Betrieb genügt es bei der für elektrische Maschinen meist verwendeten Ringschmierung, die Ölbehälter allwöchentlich bis zu der die Höhe des Ölstandes angebenden Marke nachzufüllen und monatlich einmal zu reinigen, wobei neues Öl eingefüllt wird. Beim Ölnachfüllen öffne man die Schraube des Ölüberlaufrohrs, vergesse aber nicht, sie nach dem Ölauffüllen wieder zu schließen.

Sind die Lager der Maschine verschmutzt, so werden sie mit Petroleum gereinigt und ausgespült.

Wegen der Schmiermittel, der Ölsorte und der bei einigen Maschinen angewendeten Fettschmierung, halte man sich an die Vorschriften der Maschinenfabrik. Am zweckmäßigsten werden die Schmiermittel vom Lieferanten der Maschine bezogen.

Das Versagen der Schmierung ist durch Einfrieren des Öles oder Fettes möglich. Daher müssen die Maschinen frostfrei aufgestellt werden, wenn nicht frostbeständige Schmiermittel angewendet sind.

e) Riemen. Der Riemen muß so gespannt sein, daß er nicht gleitet. Riemengleiten macht sich durch Erwärmen des Riemens und Nachlassen der Umlaufzahl der angetriebenen Maschine bemerkbar. Zu starkes Spannen des Riemens verursacht übermäßige Lagererwärmung.

Soll eine Maschine zum Nachspannen des Riemens auf Gleitschienen verschoben werden, so achte man auf gleichmäßiges Verschieben auf beiden Schienen. Bei ungleichem Verschieben würden die beiden Wellen nicht mehr parallel liegen, so daß der Riemenlauf nach einer Seite drängt und Lagererwärmung entsteht.

54. Anzeichen für Fehler an Maschinen. Sobald man Abweichungen vom regelrechten Betriebszustand bemerkt, sollte ungesäumt nach der Ursache geforscht und für Abhilfe gesorgt werden. Bei rechtzeitigem Eingreifen kann der Vergrößerung eines Fehlers und damit einer Betriebsstörung vorgebeugt werden. Wegen Abhilfe wird auf die Anleitungen unter 55 verwiesen. Erforderlichenfalls sollte ungesäumt ein Fachmann zugezogen werden.

Die wesentlichsten Merkmale für Fehler an Maschinen sind nachstehend aufgezählt:

Starke Funken am Kommutator.
Außergewöhnliche Erwärmung von Wicklungsteilen.
Geruch nach angebrannter Isolierung.
Starkes Brummen bei Wechselstrommaschinen.
Die Stromzeiger-Angabe bei einem Motor ist zu hoch.
Die Sicherungen für Motor-Anschluß schmelzen durch.
Die Zuleitungen für einen Motor erwärmen sich.

55. Abhilfe bei Betriebsstörungen muß im allgemeinen einem Sachverständigen überlassen werden. Nur in vereinzelten Fällen, wovon die häufigeren nachstehend angegeben sind, kann auch der Laie helfen oder durch rechtzeitige Vorsichtsmaßnahmen weitergehenden Schäden vorbeugen.

Gibt eine Maschine keinen Strom, oder versagt ein Elektromotor, indem er keinen Strom aufnimmt, so sucht man nach einer Leitungsunterbrechung. Man sieht nach, ob die Schalter geschlossen sind, ob nicht etwa Sicherungen geschmolzen sind, ob alle Kontaktverschraubungen fest

Abhilfe bei Betriebsstörungen. 67

sind, erforderlichenfalls müssen die Schrauben nachgezogen werden, endlich ob etwa Drahtbruch stattgefunden hat. Die Enden abgebrochener Drähte werden auf 3—5 cm Länge von der Umspinnung befreit und blank gemacht, dann nebeneinander gelegt und mit etwa 1 mm dickem, blanken Kupferdraht auf der blank gemachten Länge umwickelt. Solche Verbindungen dürfen nur im Notfall während kurzer Zeit ungelötet bleiben, für baldiges fachgemäßes Herstellen der Verbindung muß gesorgt werden. Bei Motoren untersucht man, ob der Anlasser in Ordnung ist.

Bei Gleichstrommaschinen, die lange Zeit unbenutzt stehen, können die zwischen den Metall-Lamellen des Kommutators liegenden Isolationen über die Kontaktflächen hervorgetreten sein und dadurch das Berühren der Bürsten mit den Metallteilen des Kommutators verhindern. Auch kommt es vor, daß der für die Isolationszwischenlage verwendete Glimmer sich langsamer abnutzt als das Kommutatormetall, und ebenfalls durch Überstehen den Bürstenkontakt verhindert. Etwa überstehende Isolationsteile werden mit einer Feile vorsichtig abgeschabt. Dabei muß man Sorge tragen, daß nicht durch entstehenden Grat an den Metall-Lamellen die Isolationszwischenlagen überbrückt werden. Im übrigen wird auf 53 b verwiesen.

Starke Funkenbildung am Kommutator kann vom Überlasten der Maschine oder von fehlerhafter Bürsteneinstellung (vgl. 53 c) herrühren. An der Ankerwickelung auftretende Funken werden meistens durch Metallstaub verursacht. Abgeholfen wird durch gründliches Reinigen der Maschine. Bleiben die versuchten Maßnahmen erfolglos, so ist Abhilfe durch einen Sachverständigen unentbehrlich.

Bei Wechselstrommaschinen erkennt man Kurzschlüsse einzelner Wickelungsabteilungen an ungleicher Erwärmung der Wickelung, bei Drehstrommaschinen auch an der Ungleichheit der Spannungen in den drei Stromkreisen. Große Fehler machen sich durch brummendes Geräusch bemerkbar. Ähnliches gilt für Transformatoren. Nichtanlaufen eines Motors kann von Überlastung herrühren, bei Drehstrommotoren auch davon, daß eine der drei Leitungen etwa durch Schmelzen einer Sicherung unterbrochen ist. Bei letzterem Fehler läuft der von Hand

5*

angetriebene Motor in beliebiger Richtung mit schwacher Zugkraft. Da die Wechselstrommotoren meist sehr kleinen Luftspalt zwischen dem umlaufenden und festen Teil haben, so kann infolge Auslaufens der Lager, namentlich bei ungenügender Schmierung und starkem Riemenzug, Schleifen des umlaufenden Teils (Ankers) eintreten. Wie bei Gleichstrommotoren machen sich bei Wechselstrommotoren Fehler unter Umständen durch hohen Stromverbrauch bemerkbar.

Wird Brandgeruch an einer Maschine wahrgenommen, so muß sie behufs Instandsetzung umgehend abgestellt werden.

Werden Maschinen, Maschinenteile oder Schalteinrichtungen zum Instandsetzen ausgebaut, so empfiehlt es sich, die Anschlußleitungen mit Zetteln zu versehen, auf denen die zusammengehörigen Klemmen verzeichnet sind. Dadurch wird das richtige Wiedereinschalten der ausgebauten Teile gewährleistet.

Transformator, Motorgenerator, Umformer.

56. Allgemeines. Die von einer Maschine erzeugte Spannung oder die Spannung des zur Stromentnahme verfügbaren Leitungsnetzes ist zuweilen an den Verbrauchsstellen nicht verwendbar, indem höhere oder niedrigere Spannung verlangt wird. Beispielsweise ist für die Übertragung auf große Entfernung und für das Versorgen ausgedehnter Gebiete so hohe Spannung erforderlich, daß sie sich für Beleuchtungsbetrieb nicht eignet und an den Verbrauchsstellen in niedere Spannung umgewandelt werden muß.

Das Umwandeln von hoher in niedere Spannung und umgekehrt geschieht bei Wechselstrom in Transformatoren. Diese besitzen keine sich bewegenden Teile, bedürfen keine Bedienung, sondern nur zeitweises Überwachen. Sie bestehen im wesentlichen aus Eisenkernen mit Drahtbewickelungen.

Bei Gleichstrom dienen dem gleichen Zweck umlaufende, Bedienung erfordernde Maschinen, von denen der eine Teil, als Motor wirkend, aus dem Leitungsnetz Strom aufnimmt während der andere Teil, als Stromerzeuger (Generator) die verlangte Stromart und Spannung abgibt.

Zuweilen wird gefragt, ob die vorbezeichnete Stromumformung benutzt werden kann, um beim Wohnortwechsel mitgebrachte Lampen trotz vorgefundener anderer Spannung zu verwerten. Für diesen Zweck sind die Einrichtungskosten der Stromumformung zu hoch, so daß besser neue Lampen angeschafft werden.

57. Transformator. Die Transformatoren besitzen zwei gegenseitig isolierte Spulensysteme, wobei die Stromumwandlung durch die Induktionswirkung des einen Systems auf das andere entsteht. Zur Verstärkung der Induktionswirkung werden die Spulen mit Kernen und Ummantelungen versehen, die aus Eisenblechen zusammengesetzt sind. Die Wirkungsweise des Transformators besteht darin, daß das eine Spulensystem in vielen Windungen dünnen Drahtes den hochgespannten Strom von geringer Stärke aufnimmt und das andere aus einer geringen Windungszahl dicken Drahtes den niedergespannten Strom von großer Stärke abgibt. Ein Transformator mit nebeneinanderliegenden Spulen, die abwechselnd einem der beiden Stromkreise angehören, ist in Abb. 23 schematisch dargestellt.

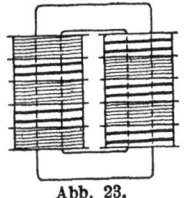

Abb. 23.

Die Transformatoren für hohe Spannung, bei denen das Berühren der Drähte lebensgefährlich ist, werden in abgeschlossenen Räumen, bei Überlandnetzen auch auf den Leitungstragstangen untergebracht, so daß sie Unberufenen nicht zugänglich sind. Der niedergespannte Strom wird durch die von den Transformatoren ausgehenden Leitungen an die Verbrauchsstellen verteilt. Seltener sind die Verbrauchsstellen für sich mit Transformatoren versehen.

Kleintransformatoren werden in Wechselstromanlagen benutzt, um die Lichtnetzspannung zum Betrieb weniger oder einzelner Stromverbraucher auf beliebig niedriges Maß herabzusetzen, wenn Isolationsfehler bei den üblichen Netzspannung von 220 Volt für Personen gefährlich werden können. Das ist der Fall in feuchten Räumen, unter anderem in Stallungen, bei verschiedentlichen Einrichtungen in Fabriken, namentlich bei den im Freien benutzten orts-

Transformator, Motorgenerator, Umformer.

veränderlichen Handlampen und Geräten, auch bei den Lampen zum Beleuchten der Arbeitsstelle beim Kesselreinigen. Für derartige Zwecke wird die Spannung auf etwa 40 Volt vermindert. Die Transformatoren werden am besten hinter die Schalter gelegt, damit sie mit den Stromverbrauchern vom Leitungsnetz getrennt werden und der Verlust durch Transformator-Leerlaufarbeit gespart wird. Speisen die Transformatoren mehrere Lampen und ist das Abschalten einzelner Lampen erwünscht, so empfiehlt es sich, eine Lampe ohne eigenen Schalter zu lassen; das Leuchten der Lampe zeigt dann an, daß der Transformator nicht abgeschaltet ist.

Kleintransformatoren zum Betrieb von Hausklingelanlagen, statt der sonst üblichen galvanischen Elemente, setzen die Leitungsspannung auf wenige Volt herab.

58. Motorgenerator. Die Anker beider Maschinen befinden sich auf einer gemeinsamen Welle (Abb. 24) oder die Maschinenwellen sind miteinander gekuppelt. In Frage kommt die Umwandlung von Gleichstrom, wobei eine von der zugeleiteten abweichende Spannung erzeugt wird, oder Umwandlung der Spannung und der Stromart; es kann Gleichstrom in Wechselstrom oder umgekehrt Wechselstrom in Gleichstrom umgewandelt werden.

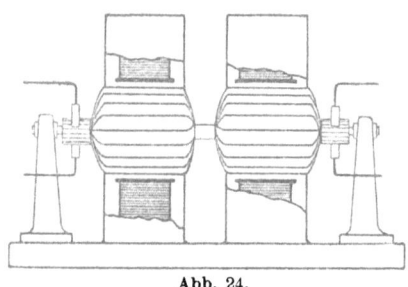

Abb. 24.

Am häufigsten werden Motorgeneratoren im Akkumulatorenbetrieb verwendet zum Erzeugen der für das Laden notwendigen zusätzlichen Spannung.

59. Einankerumformer. Im Gegensatz zu der vorstehend beschriebenen Kuppelung von zwei Maschinen vollzieht sich die Umformung in einem einzigen Anker. Der in Abb. 25 dargestellte Umformer ist zum Umwandeln

Quecksilberdampf-Gleichrichter.

von Drehstrom in Gleichstrom oder umgekehrt bestimmt, indem die eine Seite des Ankers Schleifringe, die andere einen Kommutator hat. Gleichstromumformer, die zwei Kommutatoren haben, werden unter anderem zum Betrieb einzelner Bogenlampen im Anschluß an 110 oder 220 Volt-Netze benutzt, wie es in Kinematographentheatern für die zum Erzeugen der Lichtbilder bestimmten Bogenlampen verlangt werden kann.

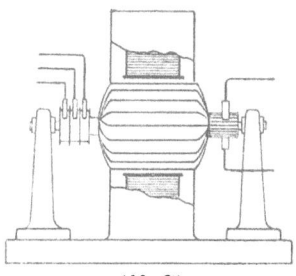

Abb. 25.

60. Quecksilberdampf-Gleichrichter. Im Gegensatz zur vorbezeichneten Stromumwandlung unter Zuhilfenahme von Motorbetrieb vollzieht sich im Quecksilberdampf-Gleichrichter das Umwandeln von Wechselstrom in Gleichstrom in einer ruhenden Einrichtung. Der Quecksilberdampf-Gleichrichter beruht auf der Eigenschaft des unter Quecksilberdampf bestehenden elektrischen Lichtbogens, daß er Stromübertritt nur in einer Richtung zuläßt.

Für kleine Einrichtungen, die Strom bis zu 60 Ampere abgeben können, dient diesem Zweck ein luftleerer Glaskörper. Der Glaskörper enthält die Elektroden, deren Zuleitungen in das Glas eingeschmolzen sind, und das eine der Elektroden umgebende Quecksilber. Unter der Wirkung des zwischen den Elektroden eingeleiteten elektrischen Lichtbogens verdampft das Quecksilber und verursacht Stromübertritt aus dem Wechselstrom-Verteilungsnetz nur in einer Richtung, also das Entstehen von Gleichstrom. Für Stromstärken über 60 Ampere werden statt der Glaskörper eiserne, luftdicht abgeschlossene Zylinder benutzt.

Verwendet werden Gleichrichter unter anderem, wenn bestehende Gleichstrombetriebe aus Wechselstrom-Verteilungsnetzen versorgt werden sollen, ohne an den Verbrauchseinrichtungen, namentlich an den Elektromotoren, etwas zu ändern. Dabei können im Gleichstrombetrieb etwa vorhandene Akkumulatoren beibehalten werden.

Akkumulatoren.

61. Allgemeines. Die nur für Gleichstrom geeigneten Akkumulatoren (elektrischen Sammler) dienen zum Aufspeichern elektrischer Arbeit. Durch den Ladestrom wird in der Akkumulatorzelle eine chemische Umwandlung hervorgerufen, beim Entladen erzeugt der umgekehrte chemische Vorgang elektrischen Strom. Die Eigenschaft der Akkumulatoren, elektrischen Strom aufzuspeichern, wird benutzt, um die Stromerzeuger von den Unregelmäßigkeiten der Stromentnahme zu entlasten. Bei geringem Verbrauch im Leitungsnetz kann der an den Betriebsmaschinen vorhandene Arbeitsüberschuß zum Laden der Akkumulatoren verwendet werden, während bei steigender Netzbelastung die Akkumulatoren die Stromabgabe aus den Maschinen ergänzen. Da die Akkumulatoren auch plötzliche Schwankungen in der Stromentnahme ausgleichen, so kann mit ihnen das Einhalten gleichbleibender Spannung und dadurch ruhiger Lichtbetrieb gefördert werden. Die Betriebssicherheit elektrischer Anlagen wird durch richtig bemessene Akkumulatorbatterien erhöht, indem beim Schadhaftwerden von Maschinen der Strom während bestimmter Zeit aus den Akkumulatoren allein entnommen werden kann. Sparsamer Betrieb ist dadurch möglich, daß zur Zeit geringer Stromentnahme, z. B. während der späten Nachtstunden, der dann kostspielige Maschinenbetrieb eingestellt und der Strom nur aus den Akkumulatoren entnommen wird. Kann man die in einer eigenen Anlage vorhandenen Akkumulatoren im Anschluß an das Versorgungsnetz eines Elektrizitätswerks laden lassen, so sind meistens günstige Preisvereinbarungen für die Ladestromentnahme möglich, wenn das Laden auf die Stunden geringer Belastung des Elektrizitätswerks verlegt wird.

a) **Bleiakkumulator.** Die aus Blei hergestellten Platten tragen die aus Bleiverbindungen bestehende wirksame Masse. Für die Zellentröge werden bei kleinen Batterien in der Regel Glasgefäße und bei größeren mit Blei ausgeschlagene Holztröge verwendet. Als Flüssigkeit dient verdünnte Schwefelsäure.

Akkumulatorenraum.

In Abb. 26 ist eine Akkumulatorzelle dargestellt. Die mit E bezeichneten Platten sind derart einander gegenüber angeordnet, daß eine positive (+) Platte zwischen je zwei negativen (—) Platten liegt. Die Polarität ist an der Farbe der Platten erkennbar, die positiven Platten sind braun, die negativen grau. Die Platten gleichen Polzeichens sind leitend verbunden. Die Platten befinden sich in dem mit verdünnter Schwefelsäure gefüllten Gefäß und werden durch Glas oder Holzstäbchen in geeignetem Abstand gehalten; häufig sind zwischen die Platten dünne Holztafeln eingelegt.

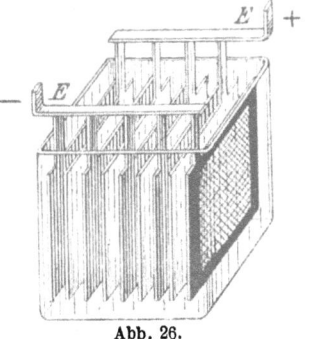

Abb. 26.

Die Spannung einer Akkumulatorzelle beträgt während des Entladens je nach dem Ladezustand 2—1,83 Volt. Die für die meisten Verwendungszwecke notwendige höhere Spannung wird durch Hintereinanderschalten von Akkumulatorzellen erreicht.

b) **Edison-Akkumulator.** Trog und Platten bestehen aus vernickeltem Stahlblech. In die Platten sind Taschen aus durchlochtem Stahlblech eingesetzt, die die wirksame Masse enthalten. Die wirksame Masse der positiven Platten besteht im wesentlichen aus Nickelhydroxyd, diejenige der negativen Platten aus einer Eisen-Sauerstoff-Verbindung. Die Platten sind durch Hartgummi in ihrer Lage gehalten und isoliert. Als Flüssigkeit dient 21 prozentige chemisch reine Kalilauge.

Die Zellenspannung beträgt bei Beginn des Entladens 1,23 Volt und gegen Ende des Entladens 1,15 Volt. Die höchste Ladespannung ist 1,8 Volt.

Edison-Akkumulatoren werden vorwiegend für ortsveränderliche Batterien benutzt. Die nachstehenden Regeln beziehen sich auf Bleiakkumulatoren.

62. Akkumulatorenraum. Der Raum für die Akkumulatoren liegt meistens nahe beim Maschinenraum, damit die Verbindungsleitungen der Akkumulatorzellen mit dem im

Maschinenraum aufgestellten Zellenschalter nicht zu lang werden. Der Akkumulatorenraum soll trocken, kühl und gut lüftbar sein, damit die gegen Ende des Ladens sich entwickelnden Gase abgeführt werden können. Die Wände und Metallteile des Batterieraumes erhalten säurebeständigen Anstrich, der namentlich an den Metallteilen zum Schutz gegen die ätzende Wirkung der Säuredämpfe rechtzeitiger Erneuerung bedarf. Da sich gegen Ende des Ladens der Batterie explosible Gase entwickeln, so sind offene Flammen im Akkumulatorenraum unzulässig.

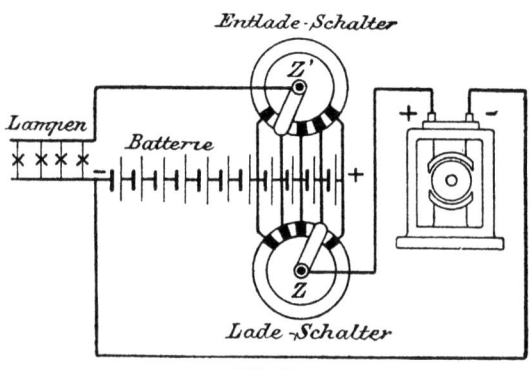

Abb. 27.

63. Zellenschalter. Da die Spannung der Akkumulatorzelle beim Laden von rund 2 auf rund 3 Volt steigt und beim Entladen von 2 auf rund 1,8 Volt fällt, so muß zum Einhalten gleichbleibender Spannung im Leitungsnetz die Zahl der hintereinander geschalteten Zellen dem Ladezustand angepaßt werden. Das geschieht mit dem in einen Lade- und Entladeapparat sich gliedernden Zellenschalter ZZ' (Abb. 27). Bei der mit dem Entladen verbundenen Spannungsabnahme werden mit dem Entladeschalter nach und nach Zellen zugeschaltet, um die Lampenspannung gleich zu halten. Dagegen muß während des Ladens die Zahl der mit dem Leitungsnetz verbundenen Zellen wegen ihrer beim Laden ansteigenden Spannung allmählich vermindert werden. Die Endzellen der Batterie,

Entladen der Akkumulatoren.

die beim Entladen weniger beansprucht werden als die übrigen Zellen, muß man beim Laden mit Hilfe des Ladeschalters früher vom Ladestromkreis abschalten.

64. Laden der Akkumulatoren. Beim Laden wird die + Klemme des Stromerzeugers mit der + Klemme der Batterie verbunden, die — Klemme des Stromerzeugers mit der — Klemme der Batterie. Die für das Laden der Batterie zulässige, von der Akkumulatorenfabrik angegebene Höchststromstärke darf nicht überschritten werden. Gegen Ende des Ladens — erkennbar an der beginnenden Gasentwickelung — verringert man den Ladestrom bis auf $1/2$ der regelrechten Stromstärke. Das Ende des Ladens wird durch starke Gasentwickelung in den Zellen und außerdem dadurch angezeigt, daß die Spannung rasch ansteigt, von 2,2 Volt bei Beginn des Ladens auf 2,7 Volt am Ende des Ladens. Luftdicht verschlossene Akkumulatorgefäße müssen wegen der beim Laden auftretenden Gasentwickelung durch Herausnehmen eines Stöpsels oder dergleichen geöffnet werden.

Bei gutem Zustand einer Batterie tritt die Gasentwickelung gegen Ende des Ladens an allen Platten gleichmäßig auf. Nach beendetem Laden hebt sich dann auch die dunkelbraune Farbe der positiven Platten deutlich gegen die graue Farbe der negativen Platten ab.

65. Entladen der Akkumulatoren. Die Entladestromstärke darf den zulässigen Höchstwert im allgemeinen nicht übersteigen. Durch Entnahme zu hohen Stromes, wie durch zu weitgehendes Entladen, leiden die Akkumulatoren. In Ausnahmefällen, wenn etwa bei Störungen an den Maschinen die Stromabgabe aufrecht erhalten werden muß, kann man die regelrechte Entlade-Stromstärke überschreiten, es muß dann aber baldigst für vollständiges Wiederladen gesorgt werden.

Die beginnende Erschöpfung eines Akkumulators zeigt sich am rasch eintretenden Spannungsabfall, wobei die Lichtstärke eingeschalteter Glühlampen abnimmt. Eine Akkumulatorzelle gilt als entladen, wenn ihre Spannung bei Stromentnahme auf 1,83 Volt gefallen ist. Die noch zulässige Endspannung einer Batterie von 60 Zellen beträgt daher $60 \cdot 1,83 =$ rd. 110 Volt.

Akkumulatoren.

66. Instandhalten der Akkumulatoren. Gegen Ende des Ladens muß nachgesehen werden, ob die Gasentwickelung bei allen gleich lang entladenen Zellen gleichzeitig auftritt. Zeigt sich bei einzelnen Zellen die Gasentwickelung später, oder bleibt sie aus, so ist das ein sicheres Zeichen für Fehler. Baldige Abhilfe ist dann notwendig.

Fehler lassen sich ferner an der ungleichen Dichtigkeit der Flüssigkeit gleichgeladener Zellen erkennen. Die Dichtigkeit, die mit einem zwischen die Platten eingesetzten Aräometer (Säuremesser) beurteilt wird, hat bei geladenen Zellen den höchsten und bei entladenen Zellen den niedrigsten Wert.

Fehler entstehen, wenn abgelöste Massenteile zwischen die Platten geraten oder wenn sich die Platten werfen und gegenseitig berühren. Zwischen die Platten geratene leitende Körper müssen tunlichst bald beseitigt werden. Das gegenseitige Berühren der Platten kann man durch zwischengeschobene Glasstäbchen verhindern, bis für gründliche Abhilfe gesorgt ist. Die Flüssigkeit soll klar und durchsichtig sein. Peinlich achte man darauf, daß keine Unreinigkeit in die Flüssigkeit kommt. Die Zellen müssen zeitweise mit einer Glühlampe abgeleuchtet werden.

Das Nachfüllen der Batterieflüssigkeit ist spätestens notwendig, wenn sie nur noch 1 cm hoch über den Platten steht. Zum Nachfüllen verwendet man destilliertes Wasser und nach Angabe der Akkumulatorenfabrik beschaffte Schwefelsäure. Gegen Mißgriffe in dieser Hinsicht sind die Akkumulatoren empfindlich, namentlich kann deren Bestand durch Verwenden von Brunnenwasser, das häufig chlorhaltig ist, gefährdet werden.

Akkumulatoren dürfen in entladenem Zustand nie lange Zeit stehen bleiben. Das Laden soll innerhalb der nächsten 24 Stunden nach dem Entladen geschehen. Eine vollgeladene Zelle entlädt sich, auch wenn kein Strom entnommen wird, in 2—4 Wochen von selbst. Unbenutzt stehende Akkumulatoren müssen daher nach Pausen von 2—4 Wochen aufgeladen werden.

Äußerlich an den Zellen und Leitungen sich bildende Ausscheidungen kratzt man ab. Der zum Schutz der Leitungen gegen die Einwirkung der Säure dienende Lack-

Kleine ortsveränderliche Akkumulatoren. 77

anstrich muß rechtzeitig erneuert werden. Gleiches gilt für das statt des Lackanstrichs angewandte Einfetten der Metallteile mit Vaseline.

Um von den Fabriken das Einhalten der Gewähr für gute Lieferung verlangen zu können, müssen die Bedienungsvorschriften pünktlich befolgt werden. Zur Erlangung einer Gewähr gegen frühzeitige Abnutzung einer Batterie und damit verbundene große Instandsetzungskosten kann man mit den Akkumulatorenfabriken in der Regel einen zehnjährigen Vertrag abschließen. Dabei verpflichten sich die Fabriken gegen jährliche Zahlung eines bestimmten Betrages zum regelmäßigen Untersuchen der Batterie und zur Erhaltung der Leistungsfähigkeit (Kapazität), indem sie schadhaft gewordene Platten kostenlos ersetzen.

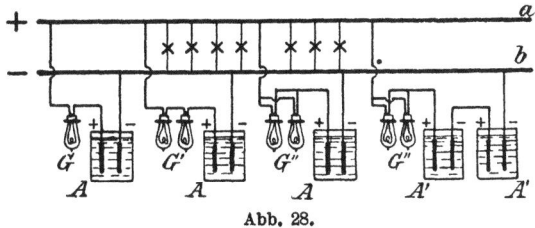

Abb. 28.

67. Kleine ortsveränderliche Akkumulatoren werden unter anderem zum Betrieb kleiner Glühlampen und für verschiedene ärztliche Zwecke verwendet.

Sollen einzelne oder in geringer Anzahl hintereinander geschaltete kleine Akkumulatoren durch Stromentnahme aus einem Gleichstromnetz geladen werden, so schaltet man in den Ladestromkreis geeignete Widerstände, am einfachsten Glühlampen, wie Abb. 28 zeigt. In der Abbildung bezeichnen a und b die Lichtleitungen, A die Akkumulatoren und G die als Widerstände vorgeschalteten Glühlampen. Man verwendet für die Leitungsspannung passende Glühlampen, deren Stromstärke angenähert dem für das Laden des Akkumulators erforderlichen Strom entsprechen muß. Eine 16 kerzige Kohlefadenlampe wird bei 110 Volt Leitungsspannung von rund 0,5 Ampere, eine 25 kerzige Metalldrahtlampe von 0,3 Ampere durchflossen. Wird niedrigere

Stromstärke verlangt, so verwendet man eine Lampe geringerer Lichtstärke oder man schaltet die Lampen G' hintereinander. Zwei 16 kerzige hintereinander geschaltete Kohlefadenlampen ergeben die halbe Stromstärke einer Lampe, also 0,25 Ampere. Ist höhere Stromstärke erforderlich, so verwendet man eine Lampe höherer Lichtstärke oder man schaltet die Lampen G'' parallel. Bei 110 Volt Spannung geben zwei parallel geschaltete 16 kerzige Kohlefadenlampen 1 Ampere. Sollen mehrere gleichgroße Akkumulatoren A' geladen werden, so schaltet man sie hintereinander. Handelt es sich dabei um nicht gleich weit entladene Akkumulatoren, so darf man die weniger entladenen nur kürzere Zeit einschalten.

Derartiges Akkumulatorladen ist verhältnismäßig teuer, wenn man nicht die vorgeschalteten Glühlampen gleichzeitig zur Beleuchtung ausnützen kann.

68. Vorsichtsmaßnahmen. Beim Bedienen der Akkumulatoren trägt man Kleider aus Schafwolle, die durch Schwefelsäure nicht zerstört wird, oder man benutzt zum Schutze der Kleidung eine mit Paraffin getränkte Schürze und bestreicht die Stiefel mit einer Mischung aus Paraffin und Wachs. Säureflecken in der Kleidung lassen sich, falls sie nicht zu alt sind, durch Anfeuchten mit Ammoniak beseitigen. Sind die Flecken nach dem Anfeuchten mit Ammoniak verschwunden, so müssen die Stellen mit reinem Wasser ausgewaschen werden. Die durch die Säureeinwirkung rauhen Hände wäscht man mit Sodalösung.

Beim Benutzen von Akkumulatoren für ärztliche Zwecke, etwa zum Glühendmachen galvanokaustischer Schlingen muß jede Verbindung des Akkumulators mit dem zum Laden dienenden Leitungsnetz unterbrochen sein, wenn die Apparate mit dem menschlichen Körper in Berührung gebracht werden. Geschieht das nicht, so kann zufolge von Erdverbindung im Leitungsnetz eine mit dem Apparat in Berührung kommende, nicht isoliert stehende Person elektrische Schläge erhalten. Handelt es sich um das Berühren von Körperteilen, die durch die schlecht leitende trockene Haut nicht geschützt sind, wie es bei der Galvanokaustik zutrifft, so ergeben sich heftige elektrische Schläge.

Aus dem gleichen Grunde kann unmittelbare Stromentnahme für die Apparate aus einem Lichtleitungsnetz gefährlich werden.

Beleuchtung.

69. Leuchtmittelsteuer. Die elektrischen Leuchtmittel, unter anderem die Glühlampen und Brennstifte für Bogenlampen, unterliegen einer Reichssteuer. Die Steuer ist abgestuft einerseits nach der Art der Leuchtmittel, als Kohlefaden- und Metalldrahtlampen, Bogenlampen-Brennstifte aus Reinkohle und aus Kohle mit Leuchtzusätzen, andererseits nach dem elektrischen Verbrauch der Glühlampen. Kohlestifte werden nach Gewicht und Glühlampen nach Stückzahl versteuert. Die Steuer wird von den Leuchtmittelfabriken entrichtet und den Käufern der Leuchtmittel in der Regel neben den Einheitspreisen für Lampen und Kohlestifte gesondert in Rechnung gestellt.

Die Lampenbrennkosten werden durch die Steuer unwesentlich beeinflußt, weil sie nur einen kleinen Teil der übrigen Kosten, der Lampen- und Strompreise, ausmacht.

Bogenlampen.

70. Lichtstrahlung. Die Lichtstrahlung der Lampen ist abhängig von der Stromart, Lampenbauart und den Kohlestiften. Die Verschiedenartigkeit der Lichtstrahlung erfordert, daß die Lichtstärke der Lampen nach einheitlichen Regeln auf Grund der vom Verband Deutscher Elektrotechniker herausgegebenen „Normalien für Bogenlampen"[1]) angegeben wird. Handelt es sich um den Vergleich verschiedenartiger Lampen, so verlange man nach den Normalien Angaben über die mittlere untere hemisphärische Lichtstärke bei klarer Glasglocke, also über den Durchschnittswert der von der unteren Hälfte der Lampenglocke ausgestrahlten Lichtstärke.

71. Lampenarten. Nach der Stromart, Gleichstrom oder Wechselstrom, sowie nach den Kohlestiften und der Bauart lassen sich die Bogenlampen wie folgt gliedern:

---

[1]) Verlag von Julius Springer, Berlin.

Beleuchtung.

a) **Reinkohlelampen mit freiem Luftzutritt** sind nur für Gleichstrombetrieb und auch hier nur für Sonderzwecke (Scheinwerfer) in Verwendung. Die Lichtausbeute bei den Reinkohlelampen ist im Vergleich zu den unter c) beschriebenen Flammenbogenlampen gering.

b) **Lampen mit eingeschlossenem Lichtbogen (Dauerbrandlampen)** haben eine nahezu luftdicht abgeschlossene Glasglocke. Der Luftabschluß bewirkt langsamen Abbrand der Kohlestifte und dadurch lange Brenndauer. Die Reinkohle-Dauerbrandlampen werden nur mit Gleichstrom vornehmlich für photographische Zwecke gebraucht.

c) **Flammenbogenlampen** (Intensivlampen, Effektlampen) besitzen im Gegensatz zu den vorstehend beschriebenen Lampen mit rein weißem Licht einen flammenartig leuchtenden Lichtbogen von mehr oder weniger starker Färbung. Je nach der chemischen Beschaffenheit der Leuchtzusätze in den Kohlestiften ist die Lichtfarbe gelb, rötlich oder weiß. Am gebräuchlichsten ist die gelbe und weiße Farbe.

Für Lampen mit **nebeneinanderstehenden** Kohlestiften ist die Lichtwirkung unter Voraussetzung einer meist gebrauchten Opalglasglocke in Abb. 29 durch die Strahlungskurve B gezeigt. Demnach gibt die Lampe starke Bodenbeleuchtung; mehr seitliche Strahlung kann durch Verwendung von Prismengläsern erreicht werden.

Für die Lampen mit **übereinanderstehenden** Kohlen werden dünnwandige Kohleröhren, die mit Leuchtsätzen ausgefüllt sind, verwendet. Die Lichtfarbe ist derjenigen der Reinkohlelampen ähnlich. Die Lichtstrahlung (C Abb. 29) ist in seitlicher Richtung ergiebiger als bei der Lampe mit nebeneinanderstehenden Kohlen (B Abb. 29).

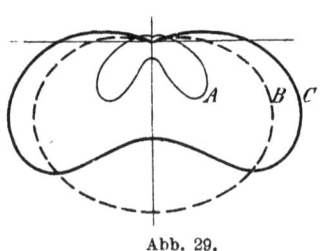

Abb. 29.

Um zu zeigen, wie weit die Flammenbogenlampen die Reinkohle-Lampen an Lichtabgabe übertreffen, ist in Abb. 29 durch die Kurve A die Strahlung der Gleichstrom-Reinkohle-

Bogenlampen. 81

lampe (vgl. a) für den gleichen elektrischen Verbrauch angegeben.

Dauerbrand Flammenbogenlampen mit einer Brenndauer von rd. 100 Stunden haben nur wenig höheren Verbrauch für die erzeugte Lichteinheit als die übrigen Flammenbogenlampen, so daß sie wegen der verringerten Bedienungskosten den Vorzug verdienen.

72. Lampenglocken. Durch matte Glocken aus Alabaster- oder Opalglas erreicht man gleichmäßigere Lichtverteilung und das Beseitigen der Blendwirkung des Lichtbogens bei klaren Glocken. Zur Vermeidung großen Lichtverlustes durch die matten Glocken wähle man sie so durchsichtig, wie es für die Verwendung der Lampen gerade noch statthaft ist; immerhin muß mit einem Lichtverlust von rund 25% gerechnet werden.

Die Lampen für Leuchtsatzkohlen, Flammenbogenlampen, erhalten beschlagfreie Glocken. Die Luftströmung in der Glocke ist so geregelt, daß die sich im Lichtbogen entwickelnden Dämpfe abgeleitet werden, ohne in der Glocke Niederschlag zurückzulassen. Da die Luftströmung nur in unbeschädigten Lampenglocken richtig stattfindet, so ist gutes Instandhalten der Glocken notwendig. Gleiches gilt für die mit Luftabschluß versehenen Glocken der Dauerbrandlampen.

73. Brenndauer der Lampen. Die Brenndauer einer Lampe muß mindestens ihrer längsten ununterbrochenen Benutzungsdauer entsprechen. Lampen, die für Straßenbeleuchtung die ganze Nacht hindurch gebraucht werden, dürfen während dieser Zeit ein Neueinsetzen von Kohlestiften nicht erfordern. Weitgehenden Anforderungen an lange Brenndauer genügen die unter Luftabschluß brennenden Lampen (vgl 71 letzter Abs.).

74. Lampenspannung. Die Spannung der Lampen, einschließlich des vorzuschaltenden Beruhigungswiderstandes, beträgt angenähert:

bei Gleichstrom . . . . . 55 Volt,
bei Wechselstrom . . . . 35 Volt,

Es werden daher bei einer Leitungsspannung von 110 Volt in der Regel bei Gleichstrom zwei und bei Wechselstrom drei Lampen hintereinander geschaltet.

Gleichstrom-Dauerbrandlampen, wie sie für photographische Zwecke gebraucht werden, erfordern zufolge des langen Lichtbogens höhere Spannung, bis etwa 150 Volt. Sie werden bei den üblichen Leitungsspannungen von 110 und 220 Volt einzeln geschaltet.

75. Kohlestifte. Beim Beschaffen der Kohlestifte halte man sich an die Vorschriften der Lampenfabrik, da das ruhige Brennen der Lampen und die Brenndauer von der Verwendung guter, für die Lampen passender Kohlen abhängt. Namentlich müssen die Kohlestifte von richtiger Länge und vorgeschriebenem Durchmesser genommen werden, weil bei dem sonst ungleichmäßigen Abbrand die Kohlehalter verbrennen können.

Am sichersten werden die Kohlestifte vom Lieferanten der Lampe oder von einer durch ihn empfohlenen Fabrik bezogen. Beliebigen Anpreisungen von Kohlestiften Folge zu geben, vermeide man um so mehr, als aus Konkurrenzbestrebungen billige und dabei schlechte Kohlestifte hergestellt werden, die unruhiges und wenig Licht geben.

Für das Aufbewahren der Kohlestifte ist ein trockener Raum erforderlich. Hat man verschiedenartige Lampen, so muß zum Vermeiden eines Verwechselns der Kohlestifte für wohlgeordnete Lagerung gesorgt werden.

76. Regelwerk. Die im Lichtbogen langsam abbrennenden Kohlenstifte werden mit Hilfe eines durch Stromwirkung betätigten Regelwerks nachgeschoben, so daß die richtige Lichtbogenlänge erhalten bleibt. Wird bei unregelmäßigem Brennen einer Lampe ein Eingriff in das Regelwerk notwendig, so betraue man damit einen Sachverständigen. Durch unkundiges Verstellen am Regelwerk wird der Fehler nur vergrößert.

77. Aufhängevorrichtungen. Erstes Erfordernis ist, daß die Lampen zum Einsetzen der Kohlestifte und zum Reinigen leicht zugänglich sind, da nur dann verläßliche Bedienung und davon abhängiges ruhiges Brennen der Lampen gewährleistet werden kann. Es ist daher unzweckmäßig, die Lampen von einer Leiter aus zu bedienen. Zur Lampenaufhängung dienen gut verzinkte Stahldrahtseile und als Aufzugvorrichtung Windetrommeln oder Gegengewichte.

Lampenbedienung.

Die Aufzugseile müssen zeitweise untersucht und, falls sie schadhaft sind, durch neue ersetzt werden. Die Windetrommeln und Lager der Seilführungsrollen müssen zeitweise geölt werden.

Den mit Aufzugvorrichtungen versehen Lampen werden die Leitungen lose durchhängend zugeführt oder es werden Kontaktkupplungen angewendet, die die durchhängenden Leitungen entbehrlich machen. Zweckmäßig ist es, wenn diese Kupplungen Seilentlastung enthalten, das ist eine Vorrichtung, die das Gewicht der hochgezogenen Lampe trägt und dadurch die Sicherheit gegen Abstürzen der Lampen erhöht.

78. Aufhängehöhe. Soweit die Aufhängehöhe nicht durch die Höhe der Räume begrenzt ist, also für das Anbringen der Lampen in hohen Hallen und im Freien, höre man sachverständigen Rat. Dabei kommen die Lichtstrahlungen der verschiedenen Lampenarten in Betracht, indem zum Erzielen gleichmäßiger Bodenbeleuchtung Lampen mit mehr seitlicher Strahlung (Abb. 29, Kurve C) nicht so hoch hängen dürfen, wie Lampen mit vorwiegender Strahlung nach unten (Abb. 29, Kurve B).

79. Lampenbedienung. Vor dem Einsetzen neuer Kohlestifte müssen die Lampen gereinigt werden. Dabei befreit man vor allem die aus dem Regelwerk hervorragenden Teile, die Kohlehalterführungen und die Kohlehalter, von anhaftendem Aschestaub. Bei Flammenbogenlampen ist besonders sorgfältiges Reinigen notwendig, weil die aus den Kohlestiften sich entwickelnden Dämpfe das Metall angreifen. Verschmutzte Kohlehalterführungen reinigt man mit Hilfe von Benzin. Der in der Lampenglocke angesammelte Kohlestaub muß entfernt werden. Außen- und Innenseite der Glocke werden gewöhnlich trocken und zeitweise mit Wasser, erforderlichenfalls mit Seife gereinigt. Zum regelmäßigen Reinigen beim Einsetzen neuer Kohlen genügen Staubpinsel und Rehleder. Die Kohlen setzt man so ein, daß sie gerade übereinander oder nach Vorschrift nebeneinander stehen. Bei übereinanderstehenden Kohlen müssen sich neu eingesetzte Kohlen mindestens um das für die Lichtbogenbildung notwendige Maß „5—10 mm" auseinanderziehen lassen.

84 Glühlampen.

Damit das Bedienen der Lampen während des Beleuchtungsbetriebes vermieden wird, müssen für die tägliche Brenndauer reichende Kohlestifte eingesetzt werden. Kohlereste legt man für die im Sommer kurze Beleuchtungsdauer zurück, indem man sie geordnet nach zusammengehörigen Längen und Stärken aufbewahrt. Das Abnehmen der Lampenglocke ist nur zulässig, nachdem die Lampe ausgeschaltet ist und die Kohlestifte nicht mehr glühen, weil sonst glühende Kohleteilchen herabfallen könnten. Namentlich muß das beachtet werden, wenn unter den Lampen brennbare Gegenstände lagern.

Beschädigte Lampenglocken müssen wegen des möglichen Herabfallens glühender Kohlenteile und der damit verbundenen Feuersgefahr ungesäumt durch neue Glocken ersetzt werden. Bei Dauerbrandlampen sind unbeschädigte Glocken außerdem für richtiges Arbeiten der Lampen notwendig (vgl. 72 Schlußsatz).

80. Maßnahmen beim Versagen von Lampen. Erlischt eine Lampe, ohne wieder zu zünden, so muß die Stromzufuhr durch Öffnen des Schalters baldmöglichst unterbrochen werden, um einem Beschädigen der Lampe vorzubeugen. Zeigt sich, daß lediglich die Kohlestifte aufgebraucht sind, so setze man vor dem Wiedereinschalten des Stromkreises neue Stifte ein. Sind die Sicherungen des zugehörigen Stromkreises durchgebrannt, so müssen sie erneuert werden, nachdem erforderlichenfalls die Ursache des Durchbrennens behoben ist.

Zeitweises Verlöschen einer Lampe kann durch Fehler im Regelwerk oder durch Verschmutzen infolge mangelhafter Lampenbedienung entstehen. Handelt es sich nicht nur um Verschmutzen der Lampe, so ist Abhilfe durch einen Sachverständigen notwendig.

Glühlampen.

81. Lichtstärke. Die Glühlampen werden in Lichtstärken von 5, 10, 16. 25, 32, 50, 100, 200 bis 3000 Kerzen und mehr in verschiedenster Ausführung, in Birnen- und Kugelform, mit klarem und teilweise oder ganz mattem

Metalldrahtlampen. 85

Glaskörper hergestellt. Das Mattieren der Lampen verringert die Blendwirkung und gibt gleichmäßigere Lichtverteilung, verursacht aber Lichtverlust.

Lampen bis etwa 300 Kerzen Leuchtkraft können in die üblichen Fassungen, die Lampen höherer Leuchtkraft in eine größere Fassung (vgl. 89) nach Belieben eingesetzt werden, so daß sich die Lichtstärke durch Auswechseln der Lampen in weiten Grenzen ändern läßt.

82. Betriebsbedingungen für Glühlampen. Die Lampen erfordern für gleichmäßiges Leuchten gleichbleibende Leitungsspannung. Sie müssen für die im Leitungsnetz bestehende Spannung beschafft werden. Am gebräuchlichsten sind Spannungen von 110 und 220 Volt. Überschreitet die Spannung die für die Lampen festgesetzte Höhe, so ergibt sich zwar gesteigerte Lichtstärke aber auch verstärkte Abnutzung der Lampen und entsprechend verringerte Betriebsdauer.

Werden in vereinzelten Fällen Lampen hintereinander geschaltet, so müssen sie für gleiche Stromstärke bestimmt sein. Nicht zusammenpassende Lampen leuchten ungleich, wobei die helleren Lampen früher abgenutzt werden.

83. Kohlefadenlampen. Die Lampen leuchten durch das Glühen eines vom Strom durchflossenen Kohlefadens, der in einen luftleeren Glaskörper eingeschlossen ist. Sie verbrauchen 3—3,5 Watt (W) für die erzeugte Lichteinheit (Hefnerkerze = HK). Die 16 kerzige Lampe verbraucht 50—55 W. Wegen des mindestens dreifachen Verbrauchs im Vergleich zu den Metalldrahtlampen sollten etwa noch benutzte Kohlefadenlampen ohne zwingenden Grund nicht beibehalten werden.

84. Metalldrahtlampen. Der Leuchtkörper, aus Metall (Wolfram) bestehend, kann stärker erhitzt werden als bei der Kohlefadenlampe und gibt daher weißeres Licht bei geringerem Verbrauch.

a) **Lampen mit Luftleere.** Der meistens zickzackförmig aufgespannte, glatte Leuchtdraht (vgl. Abb. 30) ist in einen luftleeren Glaskörper eingeschlossen. In Lichtstärkenabstufungen bis etwa 50 Kerzen sind die Lampen am verbreitetsten, vorwiegend wird die 25 kerzige Lampe benutzt. Die Lampen für 110 Volt bis zu etwa 100 Kerzen

Leuchtkraft verbrauchen für die erzeugte Lichteinheit rd. 1,1 Watt. Bei den Lampen für 220 Volt ist der Verbrauch um weniges höher. Die durchschnittliche Betriebsdauer der Lampen, bis ein Auswechseln infolge Durchbrennens des Leuchtkörpers oder Abnahme der Leuchtkraft notwendig wird, beträgt 1000—2000 Stunden.

b) Lampen mit Edelgas-Füllung. Als Leuchtkörper dient ein schraubenförmig gewundener Draht, der in dem gasgefüllten, luftdicht abgeschlossenen Glaskörper auf höhere Weißglut gebracht wird, als der Leuchtdraht der luftleeren Lampe (vgl. a). Hergestellt werden die Lampen für rd. 30 bis 3000 Kerzen und mehr. In den Lichtstärken bis etwa 100 Kerzen ist ihr Verbrauch nur wenig niedriger als bei den luftleeren Lampen, so daß die Ersparnis im Verbrauch durch die geringere Betriebsdauer der Lampen (800 Stunden) und den höheren Preis nahezu aufgewogen wird. Bei der Wahl zwischen luftleeren und gasgefüllten Lampen mittlerer Leuchtkraft sind daher mehr die Art der Lichtstrahlung und die Lichtfarbe als die Betriebskosten entscheidend. Die gasgefüllten Lampen hoher Leuchtkraft (1000 Kerzen und darüber) haben geringeren Verbrauch, angenähert $1/2$ Watt für die im Durchschnitt der Strahlung nach allen Richtungen abgegebene Lichteinheit. Sie sind unter der Bezeichnung „Halbwattlampen" im Handel. Als Leuchtdauer rechnet man 1000 Stunden.

In Anbetracht der größeren Lichtausbeute beim Benutzen hochkerziger Lampen verwendet man zweckmäßig eine Halbwattlampe statt mehrerer niedrigkerziger Lampen, wenn nicht mit den letzteren durch geeignetes Verteilen der Lampen gespart werden kann und dadurch, daß man von der größeren Lampenzahl einen Teil zeitweise unbenutzt läßt.

Die Halbwattlampen werden Bogenlampen gegenüber bevorzugt, wenn man auf das Wegfallen der Bedienung und die Ruhe des Lichtes Wert legt, dagegen den bei gleicher Lichtausbeute ungefähr doppelten Verbrauch der Glühlampen in Kauf nimmt.

85. Lampenbezeichnung. Auf dem Sockel jeder Lampe ist die Spannung angegeben, für die die Lampe bestimmt ist, z. B. „110 V". Außerdem war früher auf allen Lampen die mittlere senkrecht zur Lampenachse ausgestrahlte Lichtstärke in Hefnerkerzen (HK) angegeben. Da diese Angabe zum richtigen Beurteilen der neueren Lampen, namentlich der unter 84 b) beschriebenen gasgefüllten Lampen, mit ihrer überwiegenden Lichtstrahlung nach unten, nicht genügt, so sind die Fabriken dazu übergegangen, die Lampen nach dem **Wattverbrauch** zu bezeichnen. Aus der auf dem Lampensockel angegebenen Wattzahl, z. B. „40 W", können die Verbrauchskosten der Lampe berechnet werden (vgl. 87). In den Preislisten wird außerdem die mittlere räumliche Lichtstärke der Lampen angegeben, der Durchschnittswert der von der Lampe nach allen Richtungen ausgestrahlten Lichtstärken.

86. Nutzbrenndauer der Glühlampen. Namentlich die Kohlefadenlampen haben im Verlauf des Betriebs erhebliche Lichtstärkeabnahme. Läßt man Kohlefadenlampen bis zum Durchbrennen des Glühfadens im Betrieb, so erhält man zum Schluß bei fast unverändertem Verbrauch nur schwache Beleuchtung. Daher gilt als Regel, daß Lampen durch neue ersetzt werden sollen, wenn ihre Lichtstärke um $1/_5$, d. h. um $20^0/_0$ des regelrechten Wertes, abgenommen hat. Die Betriebsdauer einer Lampe bis zu dieser Grenze wird als Nutzbrenndauer bezeichnet. Die Nutzbrenndauer der Kohlefadenlampen beträgt etwa 800 Stunden. Bei den Metalldrahtlampen ist die Abnahme der Lichtstärke im Verlauf der Benutzung geringer, so daß der Unterschied zwischen eigentlicher und Nutzbrenndauer wenig Bedeutung hat.

Die mitunter gestellte Frage, ob es sich lohnt, aufgebrauchte Glühlampen durch Einsetzen neuer Leuchtkörper wieder gebrauchsfähig zu machen, muß verneint werden.

87. Betriebskosten der Lampen. Die Betriebskosten der Glühlampen bestehen in der Hauptsache in den Kosten für elektrischen Verbrauch und Lampenersatz. Als Beispiel sollen die Betriebskosten einer 25 kerzigen Metalldrahtlampe berechnet werden:

Die Lampe nimmt für die erzeugte Lichteinheit 1,1 Watt, im ganzen also $25 \cdot 1,1 = $ rd. 28 Watt auf und verbraucht somit in 1000 Stunden 28 Kilowattstunden (kWh).

28 kWh, 1 kWh zu M. 1,—, 28 · 1,— = M. 28,00
1 Lampe, die mindestens 1000 Stunden
hält, kostet im Einzeleinkauf . . ,, 5,60
Betriebskosten in 1000 Stunden . . M. 33,60
,,   ,, 1 Stunde rd. . . Pf. 3,4

Bedienungskosten kommen für Glühlichtbeleuchtung kaum in Frage, weil das Auswechseln unbrauchbar gewordener Lampen und das Lampenreinigen ohne viele Mühe möglich sind. Nur wenn die Lampen ausnahmsweise starkem Verschmutzen, Staub- oder Rußablagerung, ausgesetzt sind, müssen Kosten für häufigeres Reinigen gerechnet werden.

Da bei den üblichen Strompreisen der Elektrizitätswerke die Verbrauchskosten erheblich höher sind als die Lampenersatzkosten, wie obiges Berechnungsbeispiel zeigt, so sorge man für sparsam brennende Lampen. Den Kostenunterschied zwischen Lampen mit großem und geringem Verbrauch zeigt ein Vergleich der Werte in den Betriebskostentabellen auf S. 3 u. 4 für Kohle- und Metalldrahtlampen. Die Verwendung der im Verbrauch unwirtschaftlichen Kohlefadenlampen kommt nur in Frage, wenn etwa starke Spannungsschwankungen außergewöhnliche Lampenabnutzung mit sich bringen. Sind die Spannungsschwankungen nicht zu groß, so kann man Metalldrahtlampen für die höchste vorkommende Spannung verwenden, wenn man sich bei der niedrigen Spannungshöhe mit geringerer Lichtstärke der Lampen begnügt.

88. Messen des Verbrauchs der Lampen. Den Verbrauch der Lampen kann man mit Hilfe eines Elektrizitätszählers angenähert feststellen, wenn man eine bestimmte, nicht zu kleine Lampenzahl eine Stunde lang einschaltet und den Stand des Elektrizitätszählers (vgl. 112) zuvor und danach abliest. Hat man gleich helle und gleichwertige Lampen eingeschaltet, so ergibt sich der stündliche Verbrauch einer Lampe, wenn man die Zählerangabe durch die Lampenzahl dividiert. Das Ergebnis der Messung wird um so genauer, je größer die in den Belastungsgrenzen des Zählers zu wählende Lampenzahl ist. Hat man während mehrerer Stunden eingeschaltet, so werden die am Elektrizitätszähler festgestellten Kilowattstunden durch die Anzahl der Stunden dividiert. Der in Kilowattstunden ermittelte Verbrauch einer Lampe wird in Wattstunden umgerechnet, indem man die Kilowattstunden-Zahl mit 1000 multipliziert. Die auf diese Weise gefundene Zahl, die die für eine Stunde ermittelte Arbeit in Wattstunden ausdrückt, gibt zugleich auch die Aufnahme der Lampe in Watt.

Umgekehrt kann das angegebene Verfahren zum oberflächlichen Prüfen eines Elektrizitätszählers benutzt werden, wenn man den Verbrauch der Lampen kennt.

89. Lampenfassung. Die Lampenfassung dient zum Befestigen der Lampe an ihrem Träger und vermittelt die Verbindung des Glühdrahtes der Lampe mit den stromführenden Leitungen. Die Fassung muß der Lampe sicheren Halt geben und eine von den spannungführenden Teilen isolierte Hülle haben.

Die gebräuchlichen Fassungen eignen sich für Lampen bis zu 200 Watt Verbrauch, entsprechend einer Lichtstärke von etwa 300 Kerzen. Größere Fassungen, Goliath-Fassungen, sind für die Lampen mit größerem Verbrauch, mit Lichtstärken bis zu 3000 Kerzen und darüber bestimmt. Für Zierlampen werden kleine Fassungen mit Zwerggewinde, auch Liliputgewinde genannt, verwendet.

Eine Lampenfassung üblicher Art, ohne Schalter, ist in Abb. 30 im Schnitt dargestellt. Die in die Fassung eingeführten Leitungsdrähte dürfen zum Verhüten gegenseitigen Berührens nur so weit blank gemacht werden, als zum Einführen der Leitungsenden in die Kontaktbuchsen a und b notwendig ist. Die Kontaktschrauben (die Schraube bei a ist in der Abbildung zu sehen) müssen gut angezogen sein, um verlässigen Kontakt mit den Leitungsenden zu sichern.

Zur Stromüberführung in die Lampe (Abb. 30) dienen die metallische Berührung der Kontaktflächen a' und b' in

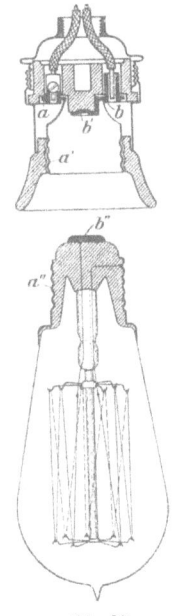

Abb. 30.

Glühlampen.

der Fassung mit den Kontaktteilen der in die Fassung eingeschraubten Lampe, einerseits mit dem Gewinde a'' und andererseits mit der Kappe b''. Alle spannungführenden Teile der Lampe müssen zum mindesten nach dem Einschrauben der Lampe in die Fassung gegen Berühren verdeckt sein. Besser noch ist der Berührungsschutz, wenn die Metallteile des Lampensockels abgedeckt sind, sobald sie beim Einschrauben der Lampe spannungführende Teile berühren. Fehlerhaft ist das in Abb. 31 a bei x gezeigte teilweise Freiliegen des spannungführenden Lampensockels. Bei derartiger Ausführung kann man beim Reinigen der Lampe elektrische Schläge erhalten; kommen stromleitende Gegenstände mit den Kontaktteilen in Berührung, so kann Stromschluß und damit Feuersgefahr entstehen. Letzteres gilt unter anderem für Schaufensterbeleuchtungen, wenn mit Metallfäden durchwobene Gespinste an die Lampenkontakte heranreichen, ebenso für den mit Flitter geschmückten, elektrisch beleuchteten Weihnachtsbaum. Vermieden wird die Gefahr, wenn der Lampensockel durch die isolierende Hülse H, Abb. 31 b, oder eine andere den Sockel umfassende Schale verdeckt ist. Da Schutzhülsen aus Porzellan oder Glas leicht zertrümmert werden und dann fehlen, nimmt man sie besser aus widerstandsfähigerem Stoff. Das geschieht unter anderem bei künstlerisch ausgestalteten Lampenträgern, wenn die Lampenfassung von einer gegen die spannungführenden Teile isolierten aus Metall hergestellten Hülle umschlossen wird.

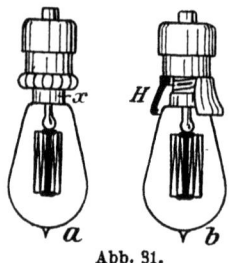

Abb. 31.

An Stellen, die Erschütterungen ausgesetzt sind, kann sich der Schraubkontakt der gewöhnlich verwendeten Lampenfassung lockern, so daß die Lampe erlischt und schließlich herabfällt. Vermieden wird das durch Fassungen mit Sicherungen gegen das Schraubenlösen.

Lampenfassungen mit Schalteinrichtung „Schaltfassungen" werden namentlich für Tisch- und Zuglampen wegen des an der Lichtstelle gewünschten Ein- und Ausschaltens angewendet. Dabei sind Fassungen mit dem

Lampenträger. 91

üblichen Schaltgriff nur zweckmäßig, wenn sie sich bequem erreichen lassen. Ist das nicht der Fall, wie z. B. bei Tischlampen (Abb. 35) mit den unter die Lampenkuppel eingebauten Fassungen, so nimmt man Fassungen mit Zugschalter (Abb. 32); durch Ziehen an der Kette wird ein- und ausgeschaltet. An allen vom Fußboden aus schwer erreichbaren Lampen vermeide man Schaltfassungen, weil bei dem dann zu befürchtenden Reißen an den Lampenträgern und Fassungen Beschädigungen und damit Betriebsstörungen zu befürchten sind.

Abb. 32.

90. Lampenträger. Durch Wahl geeigneter Lampenträger bemühe man sich, die Lampen an die für den jeweiligen Zweck beste Stelle zu bringen. Für **Allgemeinbeleuchtung** wählt man fest angebrachte Lampen, die in passender Höhe aufgehängt, in Deckenbeleuchtungen oder Kronen eingebaut, oder von Wandarmen getragen sind. Für **Einzelbeleuchtung**, d. h. für das Beleuchten bestimmter Arbeitsstellen, nimmt man Pendel, wenn die Höhenlage der Lampe unverändert bleiben kann. Wird Verstellen der Lampe in der Höhe gewünscht, so wählt man Zugpendel. und bei verlangtem seitlichen Verschieben der Lampe, die für Pultbeleuchtung geeigneten Gliederarme. Ist weitergehende Beweglichkeit der Lichtstelle notwendig, so verwendet man ortsveränderliche Lampen (Tischlampen) mit Schnurleitungen, die von benachbarten Steckeranschlüssen abgezweigt werden.

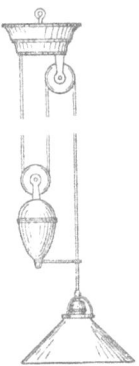

Das zum Verstellen der Lampe in der Höhenlage bestimmte, in Abb. 33 dargestellte Zugpendel eignet sich für Arbeitsräume und einfach ausgestattete Wohnräume. In den letzteren ermöglicht die hochgeschobene Lampe eine gute Allgemeinbeleuchtung und

Abb. 33.

die heruntergezogene Lampe eine zweckentsprechende Tischbeleuchtung. Die Lampe wird mit Schaltfassung genommen; in Wohnräumen sollte außerdem in der Nähe der Zimmertür ein Schalter angebracht werden. Als ortsveränderlicher Lampenträger wird die in Abb. 34 dargestellte, in der Höhe verstellbare Tischlampe häufig verwendet. Für bessere Ausstattung nimmt man Tischlampen mit gewölbter Kuppel (Abb. 35) oder Stoffschirm mit einer Glühlampe oder zwei Lampen in wagrechter Lage. Dabei sollten die Fassungen zum bequemen Handhaben Zugschalter (Abb. 32) erhalten, wenn nicht in den Lampenträger eine Schalteinrichtung eingebaut ist. Solche Lampenträger mit gewölbter Kuppel, unter der die Glühlampe senkrecht nach oben gestellt ist, sind wegen der schlechten Lichtausbeute nicht zu empfehlen.

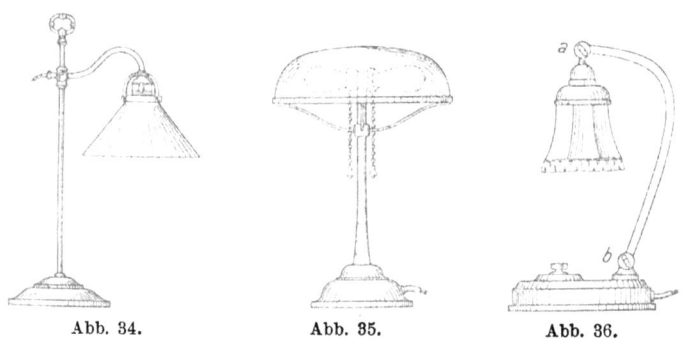

Abb. 34.   Abb. 35.   Abb. 36.

Für kleine Schreibtische, Nachttische u. dgl. dienen Stehlampen (Abb. 36) mit Gelenk über der Fassung bei a und je nach Erfordern auch am Fuß bei b. Das Gelenk a ist zum Benutzen der Lampe beim Lesen im Lehnstuhl oder im Bett zweckdienlich. Das Gelenk b wird seltener verlangt, es dient zum Notenbeleuchten am Klavier u. dgl. Für Nachttischbeleuchtung ist ein Schalter im Lampenfuß (Abb. 36) zweckmäßig, weil er sich dort beim Tasten im Dunkeln am leichtesten auffinden läßt.

In feuchten Räumen, Waschküchen, Stallungen u. dgl. werden kräftige Schutzglocken mit emailliertem Blechschirm genommen (Abb. 37).

Handlampen (Abb. 38) müssen der Benutzung angepaßt mehr oder weniger kräftig gebaut und mit Schutzkorb, erforderlichenfalls auch mit einer unter dem Schutzkorb

Lampenschirme und -glocken.

liegenden Glasglocke versehen sein. Sie müssen den Vorschriften des Verbandes Deutscher Elektrotechniker vor allem dahingehend genügen, daß man beim Handhaben der Lampe vor dem Berühren spannungführender Teile und damit vor elektrischen Schlägen geschützt ist. Beim Beschaffen von Handlampen, die in feuchten Räumen, sowie in Werkstatt- und Fabrikbetrieben benutzt werden sollen, bediene man sich fachkundigen Rates, auch sorge man dafür, daß beschädigte Lampen und Schnurleitungen baldigst außer Betrieb genommen werden.

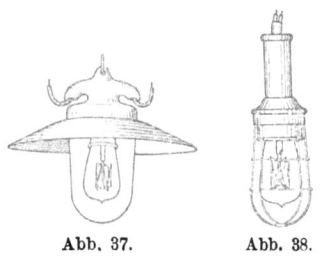

Abb. 37.   Abb. 38.

91. Lampenschirme und -glocken haben den Zweck, die Lichtwirkung in bestimmter Richtung zu erhöhen oder das Licht zu zerstreuen, Blendwirkung zu beseitigen oder die Lampen vor Beschädigung zu schützen. Verursachen wenig zweckmäßige Lampenschirme oder Gehänge Streifen auf der beleuchteten Fläche, so kann das durch Anwendung mattierter Lampen gemildert werden.

Der für die Lampe am einzelnen Arbeitsplatz bestimmte Schirm muß die Lampe gegen das Auge des Arbeitenden abblenden und das Licht gleichmäßig auf der Arbeitsfläche zerstreuen. Dafür eignen sich tiefe Milchglasschirme (vgl. Abb. 33 u. 34). Nimmt man die Schirme grün überfangen, ohne daß Allgemeinbeleuchtung vorhanden ist, so dürfen sie nicht zu dunkel sein. Andernfalls ist die Raumbeleuchtung zu gering und der Unterschied zwischen der hell beleuchteten Arbeitsfläche und der Umgebung zu groß und damit für die Augen schädlich. Werden innen weiß emaillierte Blechschirme verwendet, wie es für Zeichentischbeleuchtung üblich und in Werkstätten wegen Zerbrechlichkeit der Glasschirme notwendig ist, so muß daneben für gute Allgemeinbeleuchtung gesorgt sein.

Zur Allgemeinbeleuchtung bestimmte Lampen erhalten für die Lichtverteilung geeignete Schirme oder Glocken, Holophanglocken oder dgl. Nur wenn der Hauptwert auf die Ausstattung gelegt wird, wie bei Glühlichtkronen, treten die Forderungen an zweckentsprechende Lichtverteilung in den Hintergrund.

Schutzkörbe und unter Umständen auch Schutzglocken sind notwendig, wenn die Lampen vor Beschädigung bewahrt oder leicht brennbare Gegenstände von Berührung mit den Lampen ferngehalten werden sollen.

Handelt es sich um die Beleuchtung von Räumen, in denen explosible Gase auftreten, so sind starke, für explosionsgefährliche Räume gebaute Schutzglocken zur Aufnahme der Lampe nebst Fassung erforderlich.

Im Freien müssen die hochkerzigen gasgefüllten Lampen (Halbwattlampen) Schutzglocken mit Lüftung erhalten; ohne Schutzglocke kann der stark erhitzte Glaskörper der Lampe durch das Aufschlagen von Regentropfen springen. Bei den übrigen Glühlampen sind Schutzglocken entbehrlich, wenn die Lampenfassung durch einen Schirm gegen Regen geschützt ist. Das Weglassen der Schutzglocken vereinfacht das Lampenbedienen.

92. Lampenschaltungen. Bei den üblichen Spannungen von 110 und 220 Volt werden die Lampen im allgemeinen parallel geschaltet (vgl. 46 a). Hintereinanderschalten von Glühlampen kommt nur ausnahmsweise vor (vgl. 46 b). Für Sonderzwecke paßt man die Lampenschaltung den jeweiligen Anforderungen an. Bei Glühlichtkronen wird mit Hilfe von Gruppenschaltern (Kronenschaltern) erreicht, daß je nach Bedarf alle Lampen oder nur wenige Lampen in Betrieb sein können. Treppenhausbeleuchtungen sollen sich im Hauseingang und in jedem Stockwerk ein- und ausschalten lassen. In ähnlicher Weise muß sich eine Schlafzimmerbeleuchtung in der Nähe der Tür und vom Bett aus ein- und ausschalten lassen, wenn nicht außerdem Nachttischlampen aufgestellt sind. Sollen die Lampen für Treppenbeleuchtung in den späten Abendstunden nach dem Einschalten nur einige Minuten lang leuchten, so verwendet man Schalter mit selbsttätiger auf diese kurze Betriebsdauer eingestellter Unterbrechung.

Neben den Glühlampen können andere Stromverbraucher, Heiz- und Kocheinrichtungen, kleine Motoren usw eingeschaltet werden.

Auftrag für Lampenlieferung. 95

93. Reinigen der Lampen. Beim Reinigen der Glühlampen von aufgelagertem Staub muß behutsam verfahren werden, damit nicht der Glühkörper durch übermäßige Erschütterung zerstört wird oder die Spitze des Glaskörpers abbricht.

Das Herausnehmen der Lampen aus den Fassungen und das Einsetzen der Lampen sollte bei geöffnetem Stromkreis geschehen.

94. Ursachen für das Erlöschen der Lampen und Abhilfe.

a) Durchbrennen des Glühkörpers. Ersatzlampen müssen vorhanden sein, um sie beim Versagen von Lampen alsbald einsetzen zu können.

b) Lösen der Lampe in der Fassung. Durch Erschütterungen können sich die Lampenkontakte lösen, so daß das Licht zuckt oder ganz erlischt. Abgeholfen wird durch kräftiges Einschrauben der Lampe in die Fassung.

c) Mangelhafter Kontakt der Stecker für ortsveränderliche Lampen. Federn die geschlitzten Kontaktstecker, Abb. 49c, ungenügend und sitzen sie dadurch nur lose in den Buchsen der Anschlußdose, so kann die Federung durch Einschieben eines Messers in den Schlitz der Steckerstifte wieder erreicht werden.

d) Störungen im Leitungsnetz sind in der Regel mit dem Durchschmelzen der Sicherungen und dem daraus folgenden Unterbrechen des Stromkreises verbunden. Läßt sich die Beleuchtung durch Einsetzen neuer Sicherungen nicht wiederherstellen, so muß ein Sachverständiger zugezogen werden.

95. Auftrag für Lampenlieferung. Angegeben muß werden:

a) Die Leitungsspannung, mit der die Lampen betrieben werden.

b) Der Wattverbrauch oder die angenäherte Lichtstärke der Lampen.

c) Die Lampenart, Metalldrahtlampe, mit Luftleere oder Gasfüllung, oder Kohlefadenlampe, ob klarer oder matter oder nur im unteren Teil matter Glaskörper, ob Birnen- oder Kugelform verlangt wird.

d) **Art des Lampensockels.** Im allgemeinen handelt es sich um Lampen mit Schraubsockel (Abb. 30). Ist eine andere Fassungsbauart im Gebrauch, so muß es beim Auftragerteilen betont werden. Bei den Lampen mittlerer Leuchtkraft (200—300 Kerzen) können die üblichen Schraubfassungen (Abb. 30) oder Goliathfassungen im Gebrauch sein; es darf daher beim Auftragerteilen nicht versäumt werden, die Art des Lampensockels anzugeben.

e) **Die Lampenschaltung** muß bekannt gegeben werden, wenn es sich um Lampen für **Hintereinanderschalten** handelt, weil nur zusammenpassende Lampen richtig brennen. In diesem Fall ist es am sichersten, die Nachbestellung an den Unternehmer zu geben, der die vorhandenen Lampen geliefert hat. Die Lampenbezeichnung wird vom früheren Lieferschein oder, wenn er fehlen sollte, vom Sockel der vorhandenen Lampen abgeschrieben.

96. Untersuchen eingehender Lampensendungen. Neu gelieferte Lampen sollten bald ausgepackt werden, damit für beschädigte Lampen vom Lieferanten Ersatz beansprucht werden kann. Nachsehen muß man, ob die gewünschte Lampenart für richtige Spannung geliefert ist und ob die Lampen unversehrt sind.

Bei oberflächlicher Untersuchung hält man jede Lampe gegen das Licht, um zu sehen, ob der Leuchtdraht nicht gebrochen ist. Genauer wird durch vorübergehendes Einschalten der Lampen in einen Stromkreis untersucht. Außerdem muß nachgesehen werden, ob die Spitzen der Glaskörper unversehrt sind. Den Tisch, auf den die unverpackten Lampen abgelegt werden, versieht man mit einer weichen Decke. Zum Aufbewahren der Lampen wähle man eine von starken Erschütterungen freie Stelle.

Anderweitige Stromverbraucher.

97. Heiz- und Kocheinrichtungen. Durchfließt der elektrische Strom einen Widerstand, so wird elektrische Arbeit (vgl. 39) in Wärme umgewandelt. Die Wärme kann je nach der Bauart der Einrichtung zu Heiz- oder Kochzwecken

Heiz- und Kocheinrichtungen.

verwertet werden. Wirtschaftliche Ausnutzung der elektrischen Wärmeerzeugung ist in großem Maßstab nur bei sehr niedrigen Strompreisen, etwa 20 Pf. die kWh, möglich. Für kurzzeitige Benutzung, wie sie im Haushalt häufig vorkommt, lassen sich elektrische Heiz- und Kocheinrichtungen auch bei hohen Strompreisen mit Vorteil anwenden, indem dabei die Bequemlichkeit der elektrischen Wärmeerzeugung und die mit dem Fortfallen einer Flamme verbundene Feuersicherheit in den Vordergrund treten. Bei der technischen Anwendung elektrischer Heizung kommt unter Umständen in Betracht, daß sie durch die Möglichkeit sehr hoher Hitzegrade, 1000—2000° C, den meisten anderen Wärmequellen überlegen ist.

Über die Verbrauchs- und Anschaffungskosten der am meisten benutzten Heiz- und Kocheinrichtungen ist eingangs berichtet (vgl. 2 und 3).

Aus dem großen Anwendungsgebiet der elektrischen Heizung sind nachstehend einige im Haushalt viel gebrauchte Einrichtungen als Beispiele herausgegriffen.

a) **Bügeleisen.** Von den elektrisch betriebenen Heizeinrichtungen wird in Haushaltungen das elektrisch geheizte Bügeleisen am meisten gebraucht. Die Heizkörper der Bügeleisen haben so große Dauerhaftigkeit, daß die zugehörige beim Handhaben des Bügeleisens stark beanspruchte Leitungsschnur mehr Beachtung erfordert als das Bügeleisen selbst. Für das Beschaffen von Leitungsschnüren mit widerstandsfähiger Umhüllung und für rechtzeitigen Ersatz beschädigter Leitungsschnüre muß Sorge getragen werden.

An viel benutzten Bügeleisen schütze man den starker Abnutzung ausgesetzten Teil der Leitungsschnur am Stecker des Bügeleisens durch einen etwa 10 cm langen Metallschlauch. Ferner sollten solche Eisen am Bügeleisenstecker mit einem Schalter versehen werden, um bequemes Ein- und Ausschalten und damit genaues Regeln der Erwärmung zu ermöglichen.

b) **Kocheinrichtungen.** Kochtöpfe, die den Heizkörper enthalten und gesonderte Heizkörper, in die eng anschließende Aluminiumtöpfe eingesetzt werden, sind in der Ausnutzung des elektrischen Stromes sparsamer als Kochplatten. Beim elektrischen Kochtopf ist die Ausnutzung der Stromentnahme einschließlich des Anwärmens um 20—30% und für das Fortkochen um etwa 10% besser als bei der Kochplatte. Dagegen bietet die Kochplatte vielseitigere Ausnutzungs-Möglichkeit, so daß bei Anschaffungen auch die Verwendungsart berücksichtigt werden muß. Für gutes Ausnutzen der Kochplatten sind dünnwandige Aluminiumgefäße zu empfehlen. Im übrigen ist die Ausnutzung um so besser je mehr die Kochplatte vom Gefäß überdeckt wird.

Meistens werden die Kocheinrichtungen im Anschluß an die Abzweigdosen für Tischlampen gebraucht, so daß der Lichtstrompreis maßgebend ist. Für elektrisch eingerichtete Küchen sollten gesonderte Zähler behufs Stromentnahme zum Einheitspreis für Kraftzwecke aufgestellt werden.

Bei elektrisch betriebenen Küchen rechnet man, ohne die Warmwasserbereitung für Spülzwecke, an täglichem Verbrauch für jedes Mitglied des Haushalts 0,5—0,9 kWh (Kilowattstunden), somit an Verbrauchskosten, bei einem Preis von 40 Pf. für 1 kWh, 20—36 Pf. Beim Kochen auf Gas kann man an täglichem Verbrauch für die Person 0,3—0,4 cbm annehmen, bei einem Gaspreis von 40 Pf. für 1 cbm demnach 12—16 Pf. In beiden Fällen sind die Verbrauchskosten von der mehr oder minder sparsamen Benutzung der Einrichtung abhängig, so daß Unterschiede von 50% möglich sind, je nachdem das Kochen von einem sparsam arbeitenden Familienmitglied oder einem wenig sorgfältigen Dienstboten besorgt wird.

c) Elektrische Heizung für Obst- und Gemüsedarren bietet im Vergleich mit z. B. Gasheizung den Vorteil, daß schädliche Verbrennungsgase vom Trockengut fern bleiben. Beim Benutzen der Einrichtung, wobei mehrere Horden übereinander gestellt werden, füllt man zuerst die oberste Horde und wechselt sie nach dem Vortrocknen gegen die darunter liegende, die obere Horde neu füllend und so fort, so daß das am meisten getrocknete Gut zuletzt auf der untersten Horde liegt. Indem dabei die trockene Frischluft das am meisten vorgetrocknete Gut durchzieht, wird das Fertigtrocknen unter sparsamster Stromentnahme beschleunigt.

Handhaben der Heiz- und Kocheinrichtungen. 99

d) **Elektrische Öfen** für Zimmerheizung werden meist nur aushilfsweise benutzt, wenn z. B beim Übergang zur kalten Jahreszeit vorübergehend geheizt werden soll. Elektrische Öfen bieten im Gegensatz zu den in solchen Fällen ebenfalls in Frage kommenden Gas- und Petroleumöfen den Vorteil, daß keine für die Atmung schädlichen Verbrennungsgase entstehen. Die elektrische Heizung ist geruchlos, wenn die Heizkörper von aufgelagerten Staubteilchen frei gehalten werden. Für den Verbrauch ist es gleichgültig, ob die Heizkörper aus Glühlampen oder Drahtwiderständen bestehen.

e) **Elektrisch geheizte Fußwärmer, Teppiche, Kissen** u. dgl. erfordern schonendes Handhaben und gründliches Überwachen, weil die leicht mögliche Abnutzung Feuersgefahr einschließt. Beim Verwenden elektrisch geheizter Kissen oder Wärmeflaschen für Kinder und unbeholfene Kranke muß besonders sorgfältig verfahren werden. Sie sollten nicht ohne Überwachung im Betrieb sein, um gefährlichem Überhitzen beim unrichtigen Handhaben oder beim Auftreten von Fehlern vorzubeugen. Vor allem beachte man, daß durch Einhüllen der Wärmeeinrichtungen in Decken so starkes Überhitzen möglich ist, daß Brandwunden und unter Umständen Feuersgefahr entstehen können.

98. Handhaben der Heiz- und Kocheinrichtungen. Bedingung für die Haltbarkeit der elektrischen Wärmeeinrichtungen ist richtiges Handhaben. Vor allem dürfen die Einrichtungen nur während der Benutzung an die Stromleitungen angeschlossen bleiben, weil die Heizkörper andernfalls überhitzt und zerstört werden. Das Anschließen nicht gefüllter Kochtöpfe unbenutzter Bügeleisen oder dgl an die Stromleitungen ist daher unzulässig. Ferner dürfen die Einrichtungen nicht für wesentlich höhere Leitungsspannung benutzt werden als wofür sie bestimmt sind; ein Überschreiten dieser Spannung um etwa 10% ist zulässig.

An Verbrauchskosten wird gespart, wenn man die Stromschaltung dem Wärmebedarf anpaßt (vgl. 99) und die Stromzuleitung unterbricht, sobald genügende Erwärmung erreicht ist.

Anderweitige Stromverbraucher.

99. Verbinden elektrischer Wärmeeinrichtungen mit dem Leitungsnetz. Zum Zwecke des Anschließens an das Leitungsnetz haben die Wärmeeinrichtungen meistens drei Steckerstifte, wie sie bei der in Abb. 39 dargestellten Warmwasserkanne bei x zu sehen sind. Die zugehörige Leitungsschnur (Abb. 40) trägt am einen Ende drei Steckerhülsen x, die über die Steckerstifte am Heizkörper geschoben werden, und am anderen Ende einen Stecker y zum Verbinden mit den für Tischlampen u. dgl. üblichen Anschlußdosen.

Abb. 39.

Hat der Heizkörper drei Steckerstifte, so kann mit zugehöriger Leitungsschnur, die dann drei Steckerhülsen x (Abb. 40) hat, verschiedene Wärmeabstufung erreicht werden. Das Schaltbild (Abb. 41) zeigt, daß zwei Steckerhülsen, in der Abbildung die Hülsen a und c, an den gleichen Leitungs-

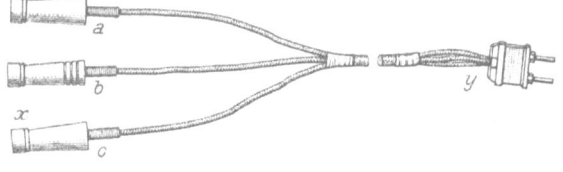

Abb. 40.

pol angeschlossen sind. Die für sich allein mit dem anderen Leitungspol verbundene Steckerhülse b ist in der Regel durch drei Ringe (Abb. 40) gekennzeichnet.

Die im Schaltbild (Abb. 41) mit W bezeichneten Heizwiderstände werden je nach der Verbindung mit dem Leitungsnetz von verschieden starkem Strom durchflossen und dadurch in nachbezeichneten Wärmeabstufungen erhitzt.

Verbinden elektrischer Wärmeeinrichtungen m. d. Leitungsnetz. 101

1. **Stärkste Hitze.** Steckerhülse b in der Mitte, die Steckerhülsen a und c links und rechts. Beide Heizkörper werden mit der vollen Spannung betrieben.

2 und 3. **Mäßige Hitze.** Steckerhülse b in der Mitte, nur eine der beiden anderen Steckerhülsen, a oder c, eingesteckt. Nur ein Heizkörper wird mit der Leitungsspannung betrieben, der andere bleibt abgeschaltet.

4. **Schwache Erwärmung**, etwa zum dauernden Warmhalten verwendet. Steckerhülse b auf der einen Seite und eine der Steckerhülsen a oder c auf der anderen Seite. Dabei sind die beiden Heizwiderstände hintereinander geschaltet, so daß jeder nur die halbe Leitungsspannung auf-

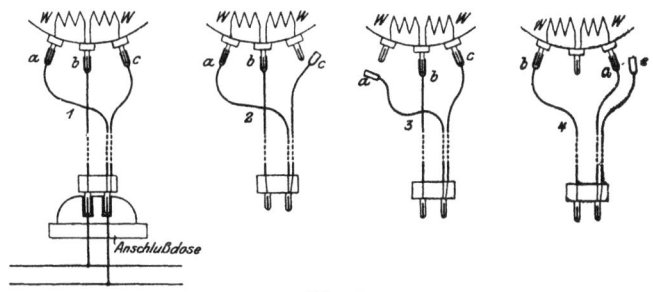

Abb. 41.

nimmt. Meistens kann man nach starkem Ankochen bei der Schaltung 1 unmittelbar auf die Schaltung 4 übergehen und dadurch an elektrischem Verbrauch sparen.

Haben für Reisezwecke bestimmte Kocheinrichtungen Steckerstifte zum Anschluß an 110 und 220 Volt-Leitungsnetze, so hüte man sich vor Fehlgriffen. Der für 110 Volt bestimmte Heizkörper würde beim Anschluß an ein 220 Volt-Netz verbrennen. Ist man nicht sicher, ob es sich um 110 oder 220 Volt handelt, so nehme man zuerst den Anschluß am Heizkörper für 220 Volt und, wenn nach einiger Zeit die genügende Erwärmung nicht erreicht sein sollte, den Anschluß für 110 Volt. Bei Lichtnetzen erhält man Aufschluß über die verfügbare Spannung, wenn man eine Glühlampe herausschraubt und nachsieht, welche

Spannung auf dem Lampensockel verzeichnet ist; in der Regel handelt es sich um 110 oder 220 Volt.

Außer den vorerwähnten Einrichtungen, mit drei Steckerstiften für den Anschluß an Zweileiternetze, haben die Einrichtungen für Drehstrombetrieb drei Anschlußkontakte. Solche Einrichtungen sind meist für hohe Stromentnahme in Großbetrieben bestimmt und von unterwiesenen Wärtern bedient.

100. Elektromotorisch angetriebene Gebrauchsgegenstände, ausgestattet mit Motoren kleinsten Modells, wie Haartrockner, Massageapparate und mit Starkstrom betriebenes Kinderspielzeug, werden häufig von elektrotechnisch unkundiger Seite hergestellt. Sie können in unfachgemäßer Ausführung für den Laien nicht erkennbare Gefahr in sich bergen, sowohl durch mangelnde Feuersicherheit, wie durch Stromübergang auf den menschlichen Körper. Bei Anschaffungen sollte ein Fachmann, etwa ein maßgebender Angestellter des Elektrizitätswerks, gehört werden.

Nicht gleich große Vorsicht ist beim Anschaffen elektromotorisch angetriebener Staubsauger, Waschmaschinen und ähnlicher Einrichtungen notwendig. Hier handelt es sich um größere Motoren, die meistens nach den Regeln der Starkstromtechnik hergestellt werden.

101. Auftrag für Lieferungen. Beim Erteilen eines Auftrages für die Lieferung von Heizkörpern muß die Leitungsspannung angegeben werden, weil sich die Heizkörper bei zu hoher Spannung überhitzen und bei zu niedriger Spannung wirkungslos bleiben. Ein Heizkörper für 110 Volt würde bei einer Leitungsspannung von 220 Volt zerstört werden, ein Heizkörper für 220 Volt bei 110 Volt Leitungsspannung zu wenig Strom aufnehmen.

Ob Gleich- oder Wechselstrom verwendet wird, ist bei den Heizeinrichtungen im allgemeinen ohne Bedeutung, abgesehen von großen, für Drehstromschaltung bestimmten Heizeinrichtungen.

Bei elektromotorisch betriebenen Einrichtungen muß man unterscheiden, ob Gleich- oder Wechselstrom zur Verfügung steht.

Schalt- und Meßeinrichtungen.

102. Verteilungstafel. Die nach den Verbrauchsstellen geführten Leitungen werden in der Regel von den Sammelschienen einer Verteilungstafel abgezweigt, wie in Abb. 42 an einem Schaltbild gezeigt ist. Durch die Leitungen P u. N (Abb. 42) werden die Sammelschienen S mit Strom versorgt. Die zu den Lampen führenden Leitungen P' u. N' sind unter Zwischenschalten der Sicherungen s von den

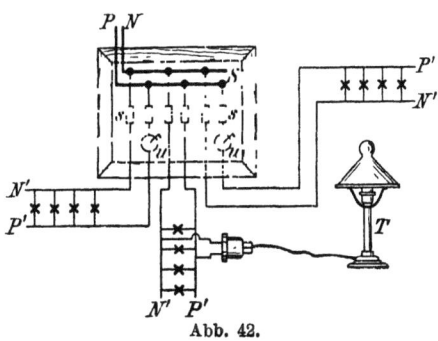

Abb. 42.

Sammelschienen abgezweigt. Sind die Schalter für die Stromkreise nicht in den zugehörigen Räumen verteilt, so finden sie auf der Schalttafel bei u Aufnahme. Gezeigt ist noch, wie die ortsveränderliche Lampe T mit Anschlußstecker und Schnurleitung von einem der Leitungspaare abgezweigt wird.

Für wenig umfangreiche Einrichtungen, namentlich für Stockwerks-Wohnungen, werden der Leitungsanschluß, der Elektrizitätszähler und die Sicherungen häufig auf einer gemeinsamen Schalttafel vereinigt (Abb. 43). Die Stromzuleitungen gelangen durch das Rohr R' zu den Hauptsicherungen s' und zum Hauptschalter u, von hier zum Elektrizitätszähler Z. Von diesem aus führen die Leitungen zu den hinter der Tafel angeordneten Sammel-

104   Schalt- und Meßeinrichtungen.

schienen, an die die Sicherungen s'' für die in den Rohren R'' den Stromkreisen zugeführten Leitungen angeschlossen sind.

Für die Verteilungstafel muß eine leicht zugängliche, im Handbereich liegende Stelle ausgewählt werden. Sind Eingriffe Unbefugter an einer offen angebrachten Schalttafel zu befürchten, so ist ein verschließbarer Schutzschrank notwendig.

103. Schmelzsicherungen. Richtig bemessene Schmelzsicherungen unterbrechen einen überlasteten Stromkreis selbsttätig und verhindern dadurch Überhitzen und Glühendwerden der Leitungen. Die Sicherungen enthalten Drähte oder Metallstreifen, die abschmelzen, ehe der Strom die zu schützende Drahtleitung gefährlich erwärmen kann. Sicherungen sind im allgemeinen vor jeder Verjüngung des Leitungsquerschnitts erforderlich, um den hinter der Sicherung beginnenden schwächeren Draht zu schützen. Eine Ausnahme besteht für die letzten Leitungsverzweigungen, die gemeinsam gesichert werden.

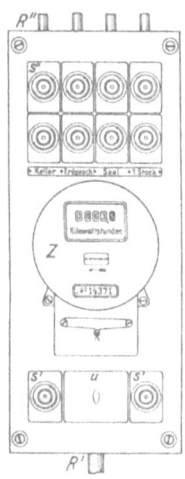

Abb. 43.

Soweit die Sicherungen nicht in elektrischen Betriebsräumen angebracht werden, müssen ihre spannungführenden Teile gegen unwillkürliches Berühren isolierend und feuersicher umkapselt sein. Die Schmelzeinsätze (Sicherungspatronen) von 6—60 Ampere Nennstromstärke sind in dem Sinne unverwechselbar, daß fahrlässiges oder irrtümliches Verwenden von Schmelzeinsätzen für zu hohe Stromstärke ausgeschlossen ist. Das wird erreicht, indem die Schmelzdrähte oder -streifen in auswechselbaren Patronen oder Stöpseln untergebracht sind, und die Sicherungssockel Vorrichtungen enthalten, die das Einsetzen zu starker Schmelzeinsätze verhindern. Sicherungen, die diesen Bedingungen nicht genügen, sollten wegen Gefährdung der Betriebs- und Feuersicherheit

Schmelzsicherungen.

baldtunlichst durch vorschriftgemäße Sicherungen ersetzt werden.

Eine viel verwendete Sicherungspatrone ist in Abb. 44a dargestellt. Sie enthält den Schmelzdraht derart eingeschlossen, daß selbst bei heftigem Kurzschluß und dem damit verbundenen schnellen Durchschmelzen keine gefährliche Feuererscheinung möglich ist. Die nach dem Durchschmelzen wertlose Sicherungspatrone muß gegen eine neue ausgewechselt werden. Zu dem Zweck ist die Patrone Abb. 44a, wenn sie in die Hülse des Schraubkopfes Abb. 44b eingeschoben wird, in ihr federnd festgehalten. Schraubt man die so vereinigten Teile a und b in den Sicherungssockel, so ist der in der Patrone enthaltene Abschmelzdraht in den Stromkreis geschaltet.

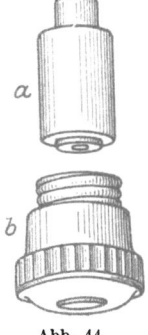

Abb. 44.

Um das erfolgte Durchschmelzen einer Sicherung erkennbar zu machen, enthält der Patronenkopf eine Anzeigevorrichtung, die durch ein Fensterchen an der Stirnseite des Schraubkopfes sichtbar bleibt. Abb. 45 zeigt die Stirnseite des Schraubkopfes mit Patrone bei unversehrter Anzeigevorrichtung x; in Abb. 46 ist die aus der durchgebrannten Patrone herausgefallene Anzeigevorrichtung zu erkennen Die Anzeigevorrichtung besteht aus einem, je nach der zulässigen Strombelastung der Patrone, verschieden gefärbten Scheibchen (x Abb. 45) mit dahinter liegender, das Herausschleudern des Scheibchens bewirkender Spiralfeder. Das herausgeschleuderte Scheibchen x und die Spiralfeder sind in Abb. 46 hinter dem Fenster des Schraubkopfes sichtbar; dadurch kann eine durchgeschmolzene Sicherung aus der Reihe der übrigen Sicherungen leicht herausgefunden werden. Die zulässige Strombelastung einer Sicherungspatrone ist auf ihrem Kopf verzeichnet, z. B. „6 A, 500 V", d. h. die Patrone ist für einen Stromkreis bestimmt, der im regelrechten Betrieb

Abb. 45.

Abb. 46.

höchstens von 6 Ampere bei einer Spannung von höchstens 500 Volt durchflossen wird.

Damit die Sicherungen beim Auftreten zu hoher, für die Leitungsanlage gefährlicher Stromstärke richtig wirken, müssen die Schmelzdrähte genau erprobte Abmessungen haben und zweckentsprechend in die Patrone eingebaut sein. Da die von wenig verläßlicher Seite hergestellten oder gar instandgesetzten Patronen diesen Anforderungen nicht genügen und daher feuergefährlich sind, so sollte man die

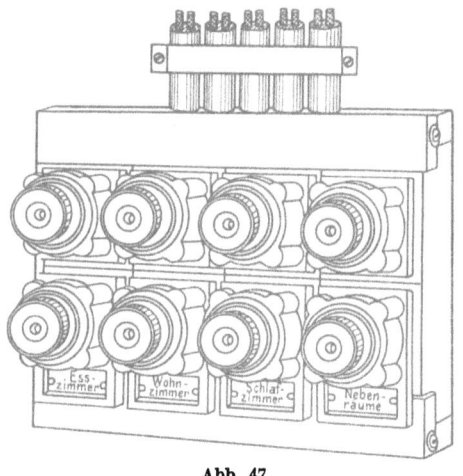

Abb. 47.

Sicherungen nur von guten Bezugsquellen entnehmen und auf das Instandsetzen durchgebrannter Patronen verzichten. Verläßliches Instandsetzen der Patronen würde angenähert ebensoviel kosten, wie das Herstellen neuer Patronen, es wird daher von vertrauenswürdigen Unternehmern selten ausgeführt. Besonders verwerflich wäre es, durchgebrannte Sicherungspatronen mit Leitungsdrähten oder Stanniolstreifen zu überbrücken und dadurch den Stromlauf wieder herzustellen.

Die Sicherungen für nicht umfangreiche Gebäude oder für zusammengehörige Räume werden auf Verteilungstafeln (Abb. 47) vereinigt, auf denen die Zugehörigkeit der

Sicherungen zu den Leitungsanlagen in den einzelnen Räumen durch Schildchen erkennbar gemacht wird. Unübersichtlich wäre es, wenn unter Weglassen von Schalttafeln die Sicherungen im Leitungsnetz zerstreut gerade dort angeordnet würden, wo ein Abzweigen von Leitungen notwendig ist. Dadurch würde das beim Untersuchen einer Leitungsanlage mit Hilfe der Sicherungen vorzunehmende Unterteilen des Netzes, sowie das Nachprüfen der Sicherungen erschwert oder unmöglich werden. Die Folge wäre erheblich beeinträchtigte Betriebssicherheit.

Nach dem Fertigstellen einer Anlage verschaffe man sich Aufklärung, wo und unter welchen Bezeichnungen neue Schmelzeinsätze zu haben sind und wie sie eingesetzt werden, auch lasse man sich zeigen, wie man erkennt, daß Sicherungen durchgeschmolzen sind.

104. Ersetzen durchgeschmolzener Sicherungen. Schmilzt eine Sicherung durch, so soll, ehe man eine neue Sicherungspatrone einsetzt, die Leitung untersucht und ein etwaiger Fehler beseitigt werden. In dringenden Fällen kann man den Versuch machen, ohne weiteres eine neue Patrone einzusetzen. Schmilzt die Sicherung abermals, so muß die Leitung bis nach dem Beseitigen des Fehlers ausgeschaltet bleiben, am besten an beiden Polen, indem man auch die etwa unbeschädigte Sicherungspatrone im entgegengesetzten Leitungspol herausnimmt; bei einer Anordnung nach Abb. 47 müssen dann die **Patronen** aus zwei übereinander angebrachten Schraubköpfen herausgenommen werden. Während des Einsetzens einer Sicherungspatrone sollte der Stromkreis, wenn angängig, durch den zugehörigen Schalter unterbrochen werden.

Werden Sicherungen durch mäßige Stromüberlastung, etwa beim Einschalten zu vieler Lampen, zum Durchschmelzen gebracht, so ist meist auch bei wenig guten Fabrikaten ein ungefährliches Wirken der Sicherungen zu erwarten. Anders verhält es sich bei Kurzschlüssen in den Leitungen, wobei schlecht gebaute Sicherungen explosionsartig zerspringen können. Daher muß auf gute Bezugsquellen für die Sicherungen, wie vorerwähnt, großer Wert gelegt werden.

Das Ersetzen durchgebrannter Sicherungen wird wesent-

108 Schalt- und Meßeinrichtungen.

lich erleichtert, wenn man neben den Sicherungstafeln Ersatzpatronen bereit legt. Dadurch wird Mißgriffen, wie sie durch das Instandsetzen durchgebrannter Sicherungen vorkommen, vorgebeugt. Am zweckmäßigsten. werden die Ersatzpatronen in einem Kästchen aufbewahrt, das man neben der Sicherungstafel anbringt und mit einer aufgeklebten Anleitung für das Patronen-Auswechseln versieht.

105. Schalter. Der Schalter dient zum Schließen und Öffnen des Stromkreises. Die Wirkungsweise eines Schalters, wie er für Glühlampenstromkreise mit geringer Lampenzahl üblich ist, wird nachstehend an dem durch Abb. 48 schematisch dargestellten Apparat erläutert. Er besteht aus den auf einer isolierenden Grundplatte befestigten Kontaktplatten a und b, die durch Schrauben x und y mit den Leitungen verbunden sind, und aus dem mit Hilfe des isolierenden Griffes d um die Achse g drehbaren Kontaktbügel c. Der Stromkreis ist geschlossen, wenn der Kontaktbügel c auf den Metallplatten a und b ruht, und geöffnet, wenn der Bügel c in der dazu rechtwinkligen Stellung steht.

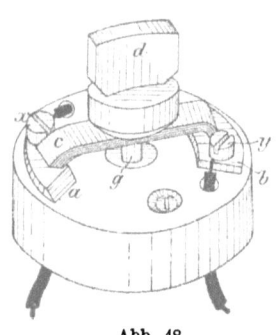

Abb. 48.

Die fachunkundigen Personen zugänglichen Schalter müssen Augenblicksschalter sein. Sie sind so gebaut, daß die Stromunterbrechung unter Federwirkung geschieht und dadurch der zwischen den Kontakten sich bildende Lichtbogen sicher unterbrochen wird. Diese Schalter haben ein Gehäuse, das aus isolierendem Stoff hergestellt oder mit solchem überzogen oder ausgekleidet ist, und nichtleitenden Griff. Nur in elektrischen Betriebsräumen, woselbst die Schalter von fachkundigen Wärtern bedient werden, dürfen sie offene Kontakte haben.

Sollen mehrere Leitungspole gleichzeitig unterbrochen werden, so verwendet man zwei- und dreipolige Schalter

Schalter.

in denen sich die Einrichtung des einpoligen Schalters (Abb. 48) zwei- oder dreimal wiederholt.

Abweichend von der im Anschluß an Abb. 48 beschriebenen Bauart werden für manche Zwecke Druckknopfschalter bevorzugt, z. B. für das Schalten von Treppenhausbeleuchtungen. Dabei wird durch Drücken auf den Schaltknopf eingeschaltet und beim nächsten Drücken ausgeschaltet. Ebensolche Schalter können in birnenförmigem Gehäuse an Leitungsschnüre angeschlossen werden, ähnlich wie die üblichen Klingeltaster, aber nach den Regeln der Starkstromtechnik gebaut.

Handelt es sich nicht nur um das Ein- und Ausschalten, sondern auch um das Wechseln in der Zahl der eingeschalteten Lampen u. dgl., so verwendet man Gruppenschalter oder Umschalter. Gruppenschalter dienen für Glühlichtkronen, wenn je nach Bedarf eine größere oder kleinere Lampenzahl eingeschaltet werden soll. Mit Hilfe von Umschaltern können Lampen von verschiedenen Stellen aus ein- und ausgeschaltet werden, indem man z. B. eine Schlafzimmerlampe mit einem neben der Zimmertür angebrachten Schalter ein- und mit einem am Bett angebrachten Schalter ausschaltet oder umgekehrt.

Die Gruppenschalter für Glühlichtkronen verlange man mit Schaltmöglichkeit bei Rechts- und Linksdrehung, im Gegensatz zur sonst üblichen Schaltgriffdrehung nur nach rechts. Mit dem Rechts- und Linksschalten kann man von der Nullstellung aus, durch Rechts- oder Linksdrehen in die nächste Ruhelage, eine der beiden Lampengruppen einschalten und durch entgegengesetztes Drehen ausschalten. Dreht man den Schaltgriff aus der Nullstellung in die zweite Ruhelage, so sind beide Lampengruppen eingeschaltet. Derart gebaute Schalter bieten den Vorteil, daß das sonst beim Ausschalten einer Lampengruppe notwendige vorübergehende Einschalten der zweiten Lampengruppe wegfällt.

Die Schalter werden an den Stellen angebracht, von denen aus das Unterbrechen des Stromkreises am zweckmäßigsten geschieht, für die Beleuchtungseinrichtungen in Zimmern bequem erreichbar neben der Tür. Werden die Schalter aus irgendwelchen Gründen außer Handbereich

Schalt und Meßeinrichtungen.

angebracht, so bedient man sie mit Zugschnur oder verlängerter Schalterachse.

Sind die elektrischen Einrichtungen nicht regelmäßig im Betrieb, wie es bei Beleuchtungsanlagen für Versammlungsräume oder bei nicht das ganze Jahr hindurch benutzten Wohnungen der Fall ist, so empfiehlt sich das Einbauen eines allpoligen Schalters in die Stromzuleitungen. Man kann dann die Leitungsanlage in allen Teilen spannunglos machen und dadurch eine bei Fehlern in den Leitungen sonst mögliche Feuersgefahr verhüten.

Das Bedienen der Schalter soll nicht zögernd geschehen, namentlich achte man darauf, daß der Schalthebel nur die dem geschlossenen oder geöffneten Stromkreis entsprechenden Stellungen, keine Zwischenstellung, einnimmt. Erlahmen die zu diesem Zweck vorhandenen Federn, so muß zur Verhütung weiterer Schäden für baldige Abhilfe gesorgt werden. Gleiches gilt, wenn die Schalter sich erwärmen oder an mangelhaften Kontakten ein von Lichtbogenbildung herrührendes zischendes Geräusch auftritt. Die Abhilfe besteht im Nachspannen oder Erneuern der Federn, oder im Reinigen der Kontaktflächen mit feinkörnigem Schmirgelleinen. Lassen sich die Fehler auf diese Weise nicht beheben, so muß der Schalter durch einen neuen ersetzt werden.

Die Stromstärke und Spannung, für die ein Schalter gebaut ist und die nicht überschritten werden sollen, finden sich auf dem Gehäuse verzeichnet.

106. Leuchtfarbe für Schaltgriffe. Damit man die Schalteinrichtungen im Dunkeln leicht findet, können Schaltgriffe für Drehschalter oder Knöpfe für Druckknopfschalter verwendet werden, die mit Leuchtfarbe belegt sind, oder man kann neben den Schaltereinrichtungen leuchtende Knöpfe anbringen. Zu empfehlen sind solche nach Art der leuchtenden Uhrzifferblätter wirkende Einrichtungen unter anderem für die in Treppenhäusern anzubringenden Schalter, weil sie im Dunkeln auch für Personen auffindbar sein sollen, die mit der Örtlichkeit wenig vertraut sind.

107. Anschlußdosen zum Abzweigen der Leitungsschnüre für ortsveränderliche Stromverbraucher haben lösbare Kon-

Anschlußdosen. 111

takte (Stecker). In Abb. 49 ist eine Anschlußdose, ohne die den Abschluß der Kontaktteile bewirkende Kappe mit zugehörigem Stecker dargestellt. Die Klemmen a und b dienen zum Anschließen der fest verlegten Leitungen, die Verbindung mit den geschlitzten und dadurch federnden Kontaktstiften des Steckers c erfolgt in den Hülsen a' und b'. Die Enden der Leitungsschnur l sind mit den Kontaktklemmen im isolierenden Griff c des Steckers leitend verbunden.

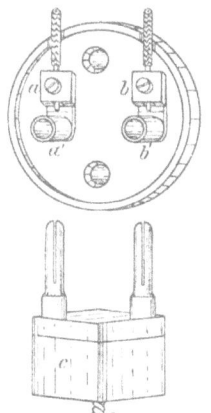

Die Stecker müssen so gebaut sein, daß sie in keine Anschlußdose passen, die für höhere Strombelastung bestimmt ist, als die an den Stecker angeschlossene Leitung nebst Lampe, Motor oder dgl. verträgt. Ferner sollten die Steckerstifte beim Einsetzen in die Anschlußdose abgedeckt sein, so daß ein Berühren spannungführender Teile verhindert wird. Für Sonderzwecke kann verlangt werden, daß sich der Stecker zum Vermeiden

Abb. 49.

von Polverwechslung nur in bestimmter Stellung einsetzen läßt. Bestehen für die Stromentnahme von Elektrizitätswerken verschiedene Preise für Licht- und Kraftzwecke, so müssen die Stecker derart voneinander abweichen, daß die Stecker für den teureren Lichtstrom in die Dosen für Kraftstrom nicht passen.

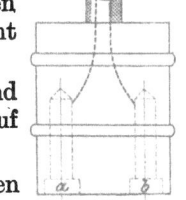

Die zulässige Betriebsstromstärke und -spannung sind auf der Anschlußdose und auf dem Stecker vermerkt.

Die zu den Steckeranschlüssen gehörigen Schnurleitungen nehme man nicht zu lang, weil sie sonst leicht beschädigt werden. Für Wohnräume genügen meist 1,5 m lange

Abb. 50.

Schnüre, als größte Länge gelten etwa 4 m. Will man ausnahmsweise von einer Anschlußdose fernliegende Stellen mit einer ortsveränderlichen Lampe erreichen, so verwende

112 Schalt- und Meßeinrichtungen.

man eine für solchen Zweck bereit gelegte Verlängerungsschnur. Die Verlängerungsschnur trägt am einen Ende einen Stecker, Abb. 49c, und am anderen Ende einen Kupplungsstecker, Abb. 50, mit den Kontakthülsen a und b zum Verbinden mit dem Stecker an der Lampenschnur.

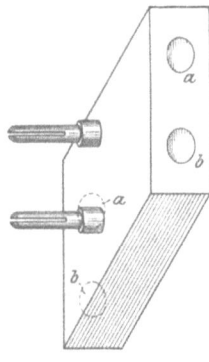

Abb. 51.

Sollen von einer Anschlußdose zwei Schnurleitungen abgezweigt werden, so ist es unzulässig, beide Schnurleitungen mit einem gemeinsamen Stecker zu versehen. Man bedient sich dabei eines Hilfssteckers, Abb. 51, der auf zwei Seiten die Steckerhülsen a und b enthält und durch seine Steckerstifte mit der Anschlußdose verbunden wird.

Für Werkstattbetrieb u. dgl. müssen kräftig gebaute Anschlußdosen mit Stecker und zugehörige Leitungsschnüre mit widerstandsfähiger Umhüllung verwendet werden.

Beim Bedienen der Schnurleitungen beachte man, daß nicht durch Ziehen an der Leitungsschnur abgeschaltet werden darf, weil dadurch die Leitungsanschlüsse im Stecker leiden. Das Kontaktlösen geschieht durch Ziehen am Stecker selbst. Die Schnurleitungen müssen schonend behandelt werden. Beim Wegstellen der Lampen rolle man die Schnurleitungen sorgsam auf. Knicke in den Schnurleitungen müssen vermieden und, wenn sie entstehen, alsbald beseitigt werden. Das Auslegen von Leitungsschnüren an Stellen des Fußbodens, an denen sie durch Auftreten beschädigt werden können, vermeide man.

108. Anlasser für Elektromotoren. Bei kleinen Motoren, bis etwa 0,5 Kilowatt Leistung, genügen zum An- und Abstellen, wenn die Drehzahl nicht geregelt zu werden braucht, einfache Schalter. Größere Motoren erfordern zum Ingangsetzen vorübergehendes Einschalten von Widerstand, um übermäßiges Anwachsen der Stromstärke im Augenblick des Einschaltens zu verhüten und dadurch den Motor vor Beschädigung und das Leitungsnetz vor großen Stromstößen zu schützen. Für ortsfeste Motoren wird

Regelwiderstand. 113

der Anlaß-Schalter mit den zum Motorstromkreis gehörigen Sicherungen und einem in den meisten Fällen zweckmäßigen Stromzeiger auf einer Schalttafel vereinigt, wie in Abb. 52 gezeigt ist.

Zum Schutz des Motors, wenn während des Betriebes die Stromlieferung unterbrochen wird, ist ein Selbstschalter notwendig, der meistens mit dem Anlasser zusammengebaut ist. Der Selbstschalter bewirkt das Abschalten des Motors beim Ausbleiben der Spannung; er verhütet dadurch, daß der stillgestellte Motor von der vollen, wiederkehrenden Spannung unvorbereitet getroffen wird und Schaden leidet, indem das Anlaufen ohne Zuhilfenahme des Anlassers erfolgen würde.

Die Anlasser, deren Schaltung im Motorstromkreis in Abb. 12—15 angegeben ist, bestehen aus Metallwiderständen, die bei zunehmender Umlaufzahl des Motors nach und nach ausgeschaltet werden, oder aus Flüssigkeitswiderständen. In letzterem Falle werden während des Anlaufens des Motors Eisenplatten in die Sodalösung in den Anlassergefäßen allmählich eingetaucht, wodurch der Flüssigkeitsquerschnitt für den Stromdurchgang vergrößert, der Widerstand also verringert wird. Während des regelrechten Betriebes des Motors dürfen die für kurz dauernden Stromdurchgang berechneten Widerstände nicht eingeschaltet bleiben. Widerstände, die zum Regeln der Umlaufzahl dienen, müssen für dauernde Strombelastung eingerichtet sein. Diese Widerstände sind größer und daher auch teurer als die nur zum Anlassen der Motoren bestimmten Widerstände.

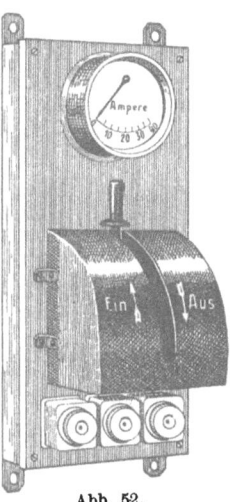

Abb. 52.

Für das Instandhalten der Anlasser gilt das gleiche wie für Regelwiderstände (vgl. 109, letzt. Abs.).

109. Regelwiderstand. Durch Zu- oder Abschalten von Widerstand wird der Strom geschwächt oder verstärkt. Die Wärmeabgabe der Widerstände wird im Gegensatz zu den

114 Schalt- und Meßeinrichtungen.

unter 97 beschriebenen Heizeinrichtungen nicht ausgenutzt, vielmehr muß für unschädliches Ableiten der **Wärme** gesorgt werden. Das Ein- und Ausschalten der Widerstände geschieht in der Regel durch einen mittels Kurbel verschiebbaren Kontakt. Die Widerstände dienen unter anderem zum Regeln der Magneterregung an elektrischen Maschinen. Für Glühlampen werden zuweilen Vorschaltwiderstände benutzt, um die Lampen mit verminderter Lichtstärke leuchten zu lassen. Die hier verwendeten kleinen Widerstände sind in sog. Verdunkelungsschalter eingebaut.

Die sich erwärmenden Widerstände müssen so aufgestellt werden, daß sie benachbarte brennbare Gegenstände nicht entzünden können. Das Unterbringen der Widerstände in geschlossenen, nicht gelüfteten Schränken ist unzulässig.

Die Kontakte, die durch Funkenbildung beim Verschieben der Schaltkurbel rauh werden und sich schwärzen, schleift man zeitweise mit feinkörnigem Glaspapier oder Schmirgelleinen ab. Durch Reinigen halte man die Widerstände staubfrei. Brüchige Widerstandsdrähte müssen zum Vermeiden von Betriebsstörungen erneut werden.

110. Stromzeiger dienen, in eine Leitung eingeschaltet, zum Feststellen der Belastung in Ampere. Sie können z. B. in Verteilungsnetzen benutzt werden, um die Stromentnahme für Motoren zu beurteilen und ein Überlasten zu verhüten.

111. Spannungszeiger, die wie Glühlampen mit dem Leitungsnetz verbunden werden, geben die an den Abzweigstellen bestehende Spannung in Volt an. Unter anderem werden sie zum Feststellen des Ladezustandes von Akkumulatoren (vgl. 64 u. 65) benutzt.

112. Elektrizitätszähler. Die Zähler ermöglichen das Verrechnen des Verbrauchs auf Grund eines vereinbarten Tarifs. Der Verbrauch in Kilowattstunden wird am Zifferblatt des Zählers in der Regel unmittelbar abgelesen.

Der Zähler muß in der Nähe der Leitungseinführung in das Haus oder die Wohnung angebracht werden. Man bestimme dafür einen trockenen Raum, der für die das

Elektrizitätszähler.

Ablesen besorgenden Angestellten des Elektrizitätswerks leicht zugänglich ist. Das Ablesen sollte ohne Benutzen einer Leiter oder eines Trittes möglich sein.

Vor dem Zähler wird zweckmäßig ein allpoliger Schalter angebracht, so daß die Leitungsanlage bei Nichtbenutzung vom Versorgungsnetz getrennt werden kann. Damit wird vermieden, daß der Zähler bei Isolationsfehlern in den Leitungen weiterläuft. Im übrigen ist das Abschalten zweckmäßig, um sich davon zu überzeugen, daß der Zähler keinen Leerlauf hat, d. h. ohne Stromentnahme nicht vorrückt.

Die Größe des Zählers wird meistens durch das Elektrizitätswerk bestimmt und der zu erwartenden Strombelastung tunlichst angepaßt, weil damit die Genauigkeit der Messung erhöht wird.

Die Art des Berechnens der Stromentnahme bedingt verschiedenartige Zähleranordnungen, von denen die wesentlichen nachstehend beschrieben werden.

a) Zeitzähler sind Uhren, die lediglich die Dauer der Stromentnahme anzeigen. Sie genügen bei gleichbleibender Stromentnahme, wenn etwa ein Motor mit unveränderlicher Belastung betrieben wird.

b) Doppeltarifzähler sind notwendig, wenn nach zwei Tarifen, je nach der Tageszeit der Stromentnahme, verrechnet wird. Das Meßgerät des Zählers wird durch ein Uhrwerk jeweilig mit einem von zwei Zählwerken verbunden, wovon das eine zum Verrechnen des Verbrauchs nach dem hohen, das andere nach dem niedrigen Tarif dient. Der hohe Tarif hat für die Zeiten der starken Beanspruchung des Elektrizitätswerks Geltung, im Winter meist von 4 Uhr nachmittags bis 8 Uhr abends.

Die Stromabnehmer sind in der Lage, während der ihnen bekannten und am Zählwerk ersichtlichen Stunden des hohen Tarifs die Stromentnahme einzuschränken, indem sie z. B. nicht dauernd benötigten Motorbetrieb in die Zeit des niedrigen Tarifs verlegen.

c) Selbstkassierender Zähler. Für kleinen Verbrauch haben einige Elektrizitätswerke selbstkassierende Zähler eingeführt. Sie ermöglichen die Stromentnahme nach Art der bekannten Automaten durch Einwerfen einer bestimmten Münze, in der Regel eines 10-Pfennigstücks. Die eingeworfenen und für Stromentnahme noch nicht verbrauchten Münzen sind hinter Glas sichtbar, oder es läßt sich ihre Zahl an einem Zifferblatt ablesen. Die Apparate haben außerdem das übliche Zählwerk. Der Tarif ist im Vergleich zu demjenigen ohne Selbstkassierung etwas erhöht, indem er die Zählermiete einschließt. Der Abnehmer ist durch das zur Stromentnahme notwendige Geldeinwerfen in den Zähler aller Verpflichtungen dem Elektrizitätswerk gegenüber enthoben.

d) Höchststrom-Anzeiger sind notwendig, wenn der Tarif nach dem Höchstwert der gleichzeitigen Entnahme abgestuft ist.

e) Überlastungsschalter (Strombegrenzer) dienen für Pauschaltarif, wenn ein vereinbarter Höchststrom nicht überschritten werden darf. Sie bewirken Unterbrechen der Stromlieferung, sobald die zulässige Stromstärke überschritten wird, und schalten für dauernde Stromentnahme wieder ein, sobald der regelrechte Zustand hergestellt ist.

113. Ablesen der Elektrizitätszähler. Durch regelmäßiges etwa allmonatliches Ablesen des Zählers und Buchen des Verbrauchs kann sich der Stromabnehmer über den Verbrauch auf dem Laufenden halten, Vergeudung bei der Stromentnahme rechtzeitig entdecken und dadurch unliebsamer Überraschung beim Eingang der Verbrauchsrechnung vorbeugen. Dazu kommt die Möglichkeit des Nachprüfens der Rechnungen. Wichtig ist das Ablesen, wenn nach Höchstentnahme bezahlt wird und man bemüht bleiben muß, die Stromstärke niedrig zu halten.

Sind die Zähler, wie in der Regel, mit springenden Zahlen versehen (Abb. 43), dann geben die nebeneinanderstehenden Zahlen ohne weiteres den jeweiligen Zählerstand.

Das Ablesen eines mit Zifferblättern versehenen Zählers wird nachstehend an den in Abb. 53 wiedergegebenen Zeigerstellungen erläutert.

Die drei untereinander gezeichneten Zeigerstellungen seien durch den Verbrauch in zwei aufeinanderfolgenden Monaten (Januar und Februar) entstanden. Beim Ablesen

Ablesen der Elektrizitätszähler.

(das Ergebnis steht rechts neben den Zifferblättern) beginnt man mit den hohen Zahlenwerten. Der Zählerstand am 1. Januar (598) bietet keine Schwierigkeit, dagegen können die Zeigerstellungen am 1. Februar und 1. März wie sie infolge von Spiel zwischen den Zahnrädern vorkommen, Irrtümer verursachen. Am 1. Februar steht der Zeiger des Zifferblattes 1000 auf 2, trotzdem muß 1 abgelesen werden, weil der Zeiger des Zifferblattes 100 erst zwischen 8 und 9 und nicht schon wieder auf 0 oder vor 0 steht. Wenn 2859, statt des richtigen 1859, abgelesen

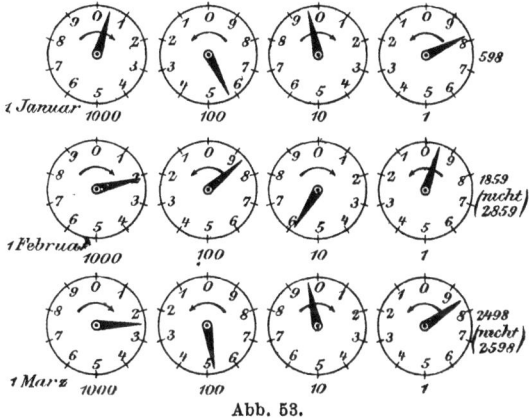

Abb. 53.

werden sollte, müßte der Zeiger des Zifferblattes 1000 in der Nähe von 3 stehen. Daß man am 1. März 2498 statt 2598 ablesen muß, erklärt sich am einfachsten durch den Vergleich mit der Zeigerstellung am 1. Januar, die die Ablesung 598 ergibt. Beim regelmäßigen Verrechnen des Verbrauchs heben sich Ablesefehler auf, indem zu viel berechneter Verbrauch bei der folgenden Rechnung als Minderverbrauch sich geltend macht und umgekehrt zu wenig berechneter Verbrauch bei der folgenden Rechnung als Mehrverbrauch.

Zum Berechnen des Verbrauchs bedient man sich folgender Tabelle, wobei angenommen sei, daß ein Strich des Zifferblattes 1 in Abb. 53 eine Kilowattstunde bedeutet.

118 Schalt- und Meßeinrichtungen.

Tag der Ablesung	Ablesung	Voreilung	Verbrauchskosten bei 80 Pf. für 1 kWh Mk.
	Verbrauch in Kilowattstunden		
1920			
1. Januar	598	—	
1. Februar	1859	1261	1008,80
1. März	2498	639	511,20

Wie die Tabelle zeigt, ergibt sich der Verbrauch, indem man den Zählerstand am Anfang eines Zeitabschnitts vom Zählerstand am Ende des Zeitabschnitts abzieht. Um den Verbrauch im Januar zu erhalten, wird der Zählerstand am 1. Januar „598" vom Zählerstand am 1. Februar „1859" abgezogen; im Januar wurden sonach 1859 — 598 = 1261 Kilowattstunden verbraucht.

Lassen sich die Verbrauchseinheiten am Zähler nicht unmittelbar ablesen, so müssen die aus den Zählerablesungen berechneten Voreilungen mit der Zählerkonstanten multipliziert werden. Ist die Zählerkonstante gleich 0,5, d. h. entspricht ein Strich des Zifferblattes 1 einem Verbrauch von 0,5 Kilowattstunden, so muß die aus den Zählerablesungen sich ergebende Voreilung mit 0,5 multipliziert werden. Die nach der Tabelle für den Monat Januar ermittelte Zähler-Voreilung entspricht dann einem Verbrauch von: 1261 · 0,5 = 630,5 Kilowattstunden.

114. Prüfen der Elektrizitätszähler. Das Gesetz für die elektrischen Maßeinheiten vom 1. Juni 1898 schreibt vor, daß die Angaben der bei der gewerblichen Abgabe elektrischer Arbeit benutzten Meßgeräte auf den gesetzlichen Einheiten beruhen müssen, und verbietet den Gebrauch unrichtiger Meßgeräte. Gesetzlicher Zwang zum amtlichen Prüfen der elektrischen Meßgeräte und der dabei namentlich in Frage kommenden Elektrizitätszähler ist nicht eingeführt. Indes steht es jedermann frei, eine amtliche Prüfung herbeizuführen. Amtliche Prüfungen können vornehmen die von der Physikalisch-Technischen Reichsanstalt, Charlottenburg, beaufsichtigten elektrischen Prüfämter in Bremen, Chemnitz, Frankfurt a. M., Hamburg, Ilmenau, München und Nürnberg.

Herstellen der Leitungsanlagen. 119

Nach der Prüfung eines Elektrizitätszählers auf die durch die Prüfordnung festgesetzten Fehlergrenzen wird seitens des Prüfamtes ein Prüfungsschein ausgefertigt und der Zähler mit dem durch die Prüfordnung festgesetzten Stempelzeichen versehen. Außerdem wird der Zähler durch das Bleisiegel des Prüfamtes verschlossen. Zähler, die ihrer Bauart nach nicht dauernd verschließbar sind, werden für die Prüfung nicht angenommen.

Die Höhe der durch Tarif festgesetzten Prüfgebühren richtet sich nach der Stromstärke, für die ein Zähler bestimmt ist, und nach der Art des Zählers (Zweileiter- oder Dreileiterzähler), in geringem Maße auch nach der Spannung, für die ein Zähler gebaut ist. Bei Zählern für Stromstärken bis 30 Ampere, bei 220 Volt Spannung, betragen die Prüfgebühren je nach der Zählergröße (Höhe der Stromstärke) M. 4 bis M. 8,50 zuzüglich eines Teuerungszuschlags von 50%.

Leitungen.

115. Herstellen der Leitungsanlagen. Je nachdem es sich um Leitungsanlagen für Arbeits- und Lagerräume oder für besser ausgestattete Räume handelt, kommt für die Ausführung lediglich Betriebssicherheit und Zweckmäßigkeit oder auch möglichst wenig sichtbares Anordnen der Leitungen in Frage.

In Arbeits- und Lagerräumen werden die Leitungen offen und gut übersichtlich am besten in Rohren verlegt, so daß sie zum Instandsetzen und etwa nötigen Erweitern der Anlagen in allen Teilen zugänglich bleiben. Sind die Räume feucht oder sind ätzende Dünste vorhanden, wie es in chemischen Fabriken und Stallungen der Fall ist, so erfordert das Leitunglegen große Vorsicht und Erfahrung, wenn mit genügender Dauer der Einrichtungen gerechnet werden soll. Handelt es sich um derart erhöhte Anforderungen, so halte man sich an bewährte Unternehmer.

Für Wohn- und Geschäftsräume, Läden und besser ausgestattete Gasthäuser werden verdeckte Leitungen und meistens auch in die Mauer eingelassene Schalter und Anschlußdosen verlangt, so daß nur die Schaltergriffe aus

120 Leitungen.

den in der Regel mit Glasplatten überdeckten Schaltstellen hervorragen.

116. Leitungssysteme. Die am meisten verwendeten Leitungssysteme sind nachstehend unter Angabe der wesentlichen Merkmale aufgezählt:

a) Zweileitersystem. Es ist das die einfachste Leitungsanordnung, indem zwei Leiter a und b (Abb. 54) zu den Lampen geführt und diese, parallel geschaltet, von den Leitern abgezweigt werden.

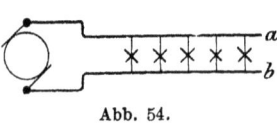

Abb. 54.

Als Spannung im Zweileitersystem sind 110 und 220 Volt gebräuchlich. Für die gleichen Spannungen müssen die Lampen genommen werden.

b) Dreileitersystem. Wie Abb. 55 zeigt, sind zwei Zweileitersysteme ac und cb so aneinander gereiht, daß die Hinleitung c des einen Systems mit der Rückleitung c des anderen Systems zusammenfällt. In den Leitungsverzweigungen wird das Dreileitersystem in zwei Zweileitersysteme ac' und bc'' aufgelöst, so daß in die zu beleuchtenden Räume meist nur zwei Leitungen eingeführt werden.

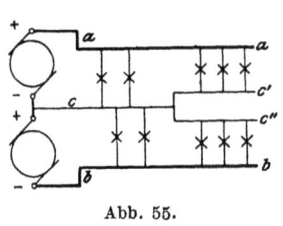

Abb. 55.

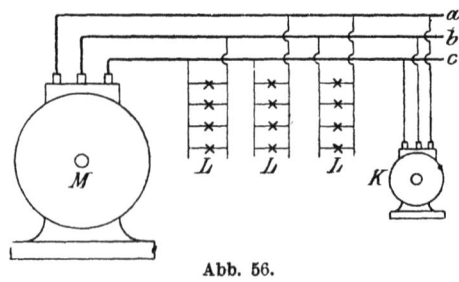

Abb. 56.

Die Spannung im Dreileitersystem beträgt im allgemeinen $2 \cdot 110$ oder $2 \cdot 220$ Volt, so daß zwischen dem Außen-

Anschluß an Versorgungsnetze. 121

leiter a und Mittelleiter c und dem Außenleiter b und Mittelleiter c 110 oder 220 Volt bestehen. Die Spannung zwischen den Außenleitern a und b hat dann die doppelte Höhe, also 220 oder 440 Volt. Lampen werden zwischen einen der Außenleiter und den Mittelleiter geschaltet, Motoren dagegen in der Regel von den Außenleitern abgezweigt, also mit der doppelten Lampenspannung betrieben.

c) **Drehstromsystem.** Es handelt sich, wie beim Dreileitersystem (vgl. b), um drei Leitungen, die aber hinsichtlich der gegenseitigen Spannungen gleichwertig sind, d. h. die Spannungen zwischen den Leitern $a\,b$, $b\,c$ und $c\,a$ (Abb. 56) sind unter sich gleich. Die Lampenstromkreise L können beliebig zwischen die drei Phasenleitungen a, b und c geschaltet werden, Motoren K werden an alle drei Leitungen angeschlossen.

Die Spannungen zwischen den drei Phasenleitungen betragen in der Regel 220 Volt.

Bei der **Drehstrom-Vierleiterschaltung** (Abb. 57) kommt ein vierter Leiter O hinzu, der geerdet ist und daher gegen Erde die Spannung „Null" hat. Dabei werden die Lampen L, zwischen eine der drei Phasenleitungen a, b oder c und den Nulleiter geschaltet, in der Regel mit 220 Volt betrieben. Motoren K (Abb. 57)

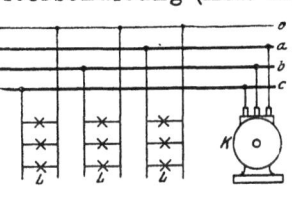

Abb. 57.

erhalten Anschluß an die drei Phasenleitungen a, b, c, zwischen denen Spannungen von 380 Volt bestehen, wenn die Spannungen zwischen den Phasenleitungen und dem Nulleiter 220 Volt betragen.

117. Anschluß an Versorgungsnetze. Die Anschlüsse für Hauseinrichtungen werden von den im Straßengrund liegenden Stromverteilungskabeln oder bei Überlandnetzen von oberirdischen Leitungen abgezweigt.

Den Anschluß einer Hausanlage an ein **Gleichstrom-Dreileiternetz** (vgl. 116 b) zeigt Abb. 58. An die drei im Straßengrund liegenden Kabel $+\ 0\ -$ sind die Anschlußkabel in Muffen angeschlossen und im Gebäude hinter der Einführungsstelle mit einem Endverschluß versehen. Von

122 Leitungen.

hier aus werden die Leitungen auf dem Weg durch die Hausanschlußsicherungen und den Elektrizitätszähler zu den Verteilungstafeln geführt. Vor dem Zähler wird zweckmäßig ein Hauptschalter eingebaut (vgl. 112 Abs. 3). Auf den Verteilungstafeln, von denen eine mit ihren Sammelschienen im Schaltbild angegeben ist, sind die Lampenstromkreise abwechselnd von einem Außenleiter und vom Mittelleiter und die Motorstromkreise von den Außenleitern abgezweigt. Für Licht- und Motorbetrieb ist ein gemeinsamer Zähler angenommen, was zutrifft, wenn kleine Motoren kurzzeitig im Betrieb sind und dann das Aufstellen

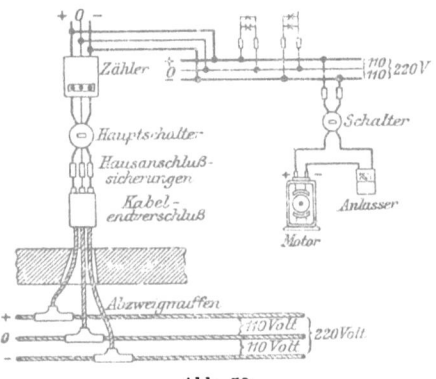

Abb. 58.

von zwei Zählern, von denen einer den billiger berechneten Kraftstrom mißt, sich nicht lohnt. Daß der Strom für Licht- und Kraftzwecke zum gleichen Einheitspreis geliefert wird und deswegen nur ein Zähler notwendig ist, kommt selten vor.

Den Anschluß an ein Drehstromnetz zeigt Abb. 59. Das Anschlußkabel enthält die drei gegenseitig isolierten Leiter. Vom Kabelendverschluß ab sind die getrennten drei Leiter durch die Hausanschlußsicherungen und von diesen aus durch die Stockwerke geführt. Gedacht ist ein Miethausanschluß, bei dem im Gegensatz zu Abb. 58 auf einen Zähler am Hausanschluß verzichtet wurde und Zähler nur für die Abzweigungen zu den Wohnungen

Leitungsquerschnitt.

der Stromabnehmer aufgestellt sind. Für das Erdgeschoß ist ein Anschluß für Lichtlieferung und Motorbetrieb dargestellt mit zwei Zählern wegen der für beide Verbrauche verschiedenen Strompreise. Die Lampenstromkreise sind abwechselnd mit je zwei der drei Phasenleitungen verbunden, während der Motor an alle drei Phasenleitungen angeschlossen ist. Im ersten Stock sind so wenige Lampen angenommen, daß unter Vereinfachung der Anlage das Einführen von nur zwei Phasenleitungen genügt.

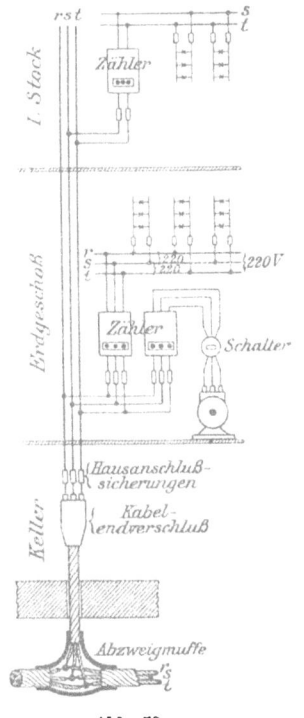

Abb. 59.

118. Leitungsquerschnitt. Die Grundsätze für das Bestimmen der Leitungsquerschnitte werden nachstehend erläutert, ohne auf das dem Fachmann zu überlassende Leitungsberechnen einzugehen. Es kommen dabei in Betracht:

a) **Strombelastung.** Die Leitungen müssen mindestens so stark sein, daß der durchfließende Strom keine merkliche Erwärmung der Leitung verursacht.

b) **Spannungsverlust.** Er darf bestimmte Grenzen nicht überschreiten, wenn die Lampen gleichmäßig hell leuchten und die Motoren mit genügender Zugkraft laufen sollen. In der Regel werden die Leitungen zum Vermeiden zu großen Spannungsverlustes so stark genommen, daß die Forderungen unter a) weitgehend erfüllt sind.

c) **Mechanische Festigkeit** kommt vorwiegend bei den auf große Abstände frei gespannten Leitungen, bei den Freileitungen, in Frage.

Leitungen.

119. Leitungsart. Für die Beschaffenheit der elektrischen Leitungen sind die vom Verband Deutscher Elektrotechniker angenommenen Normalien für Leitungen und Bestimmungen für die in der Übergangszeit anzuwendenden Ersatzstoffe maßgebend, so daß von verläßlichen Fabriken und Unternehmern unter den gleichen Bezeichnungen ungefähr gleichwertige Leitungen geliefert werden.

Als Leiter wurde vor dem Kriege in der Hauptsache Kupfer und als isolierende Umhüllung Gummi mit Isolierschutzhüllen aus Faserstoff benutzt. Die während des Krieges eingeführten und vorerst teilweise beibehaltenen Ersatzstoffe ,,Aluminium-, Eisen- und Zinkleiter mit Isolierungen aus Papier und regeneriertem Gummi' ersetzen das für elektrotechnische Zwecke besonders brauchbare Kupfer mit Gummiisolierung nicht durchweg, sie sind aber so weit erprobt, daß gegen ihre Verwendung bei fachkundiger Auswahl keine Bedenken bestehen.

a) Blanke Leitungen sind für gewöhnlich nur im Freien und in feuersicheren Räumen ohne brennbaren Inhalt, wenn die Leitungen vor Beschädigung und zufälliger Berührung geschützt sind, ferner in den nur unterwiesenen Wärtern zugänglichen elektrischen Betriebsräumen zulässig In Gebäuden, abgesehen von den Leitungen in elektrischen Betriebsräumen, den blanken Kontaktleitungen für Kräne u. dgl., ferner von geerdeten Leitern, kommen blanke Leitungen nur in Frage, wenn der Benutzung isolierter Leitungen Bedenken entgegenstehen. Das ist der Fall beim Auftreten von Gasen und Dämpfen, die die Leitungsisolierung zerstören, wie es in Gärkellern und manchen Räumen chemischer Fabriken zutrifft. Die Leitungen erhalten dabei einen Anstrich mit säurebeständiger Farbe, Emaillack, und werden erforderlichenfalls gegen Berühren geschützt.

b) Isolierte Leitungen müssen in der Isolationsfestigkeit je nach der Spannungshöhe, je nachdem es sich um trockene oder feuchte Räume handelt und mit Rücksicht auf mechanische Beanspruchung ausgewählt werden, so daß fachkundiger Rat unerläßlich ist.

120. Kennfaden. Isolierte Leitungen, die den Normalien und übrigen Bestimmungen des Verbandes Deutscher Elektrotechniker entsprechen, werden von den meisten

Isolierung und Befestigung der Leitungen.

Fabriken mit einem in die Isolierung eingelegten Kennfaden oder bei Ersatzstoff-Leitungen mit farbigem Papierband versehen. Ein ferner in die Isolierung eingelegter ein- oder mehrfarbiger Faden oder eine verschiedenartige Färbung des vorbezeichneten Papierbandes dient als Fabrikmarke.

Diese Kennzeichnung bietet Gewähr für die Güte der Leitungen. Es empfiehlt sich daher, bei Auftragerteilungen derart gekennzeichnete Leitungen zu verlangen.

121. Isolierung und Befestigung der Leitungen.

a) Isolierglocken. Für blanke Leitungen im allgemeinen und isolierte Leitungen in besonderen Fällen werden Glockenisolatoren aus Porzellan (Abb. 60) verwendet.

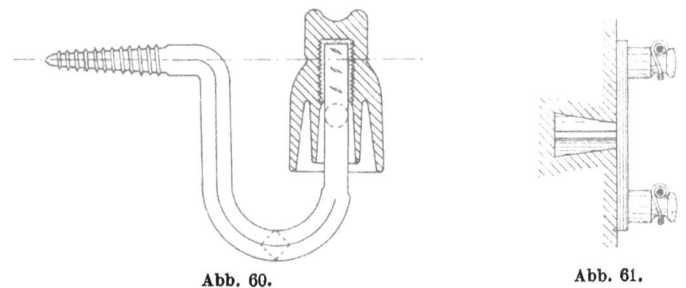

Abb. 60.   Abb. 61.

b) Isolierrollen. Für das Legen von Leitungen mit isolierender Hülle in nicht vollkommen trockenen Räumen, wie es meist für Keller zutrifft, kommen Isolierrollen in Frage. Im übrigen vermeidet man das Leitunglegen auf Rollen nicht nur wegen des weniger guten Aussehens, sondern auch wegen der auf den Leitungen und in deren Nähe entstehenden Staubansammlung. Abb. 61 zeigt zwei mit einem gemeinsamen Eisendübel an der Mauer befestigte Isolierrollen mit aufgebundenen Leitungsdrähten.

c) Rohre. Die zum Einziehen der Leitungen bestimmten Rohre werden auf den Mauerputz oder unter Putz gelegt.

Auf den Mauerputz gelegte Rohre gewähren, abgesehen von der billigeren Ausführung, den Vorteil, daß die Leitungsanlage leicht überwacht und ergänzt werden kann. Um die offen befestigten Rohre wenig sichtbar zu machen, legt man sie, soweit angängig, auf die Fensterseite der Räume oder an andere schlecht beleuchtete Stellen.

In den Mauerputz eingebettete und damit dem Auge entzogene Rohre werden für gut ausgestattete Räume be vorzugt.

1. *Isolierrohre ohne Metallüberzug*, Hartgummirohre, gewähren geringen Schutz gegen mechanische Beschädigung der Leitungen und werden daher selten angewendet.

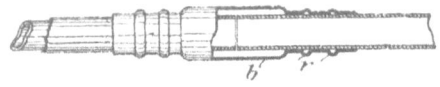

Abb. 62.

2. *Papierrohre mit dünnem Metallmantel*, allgemein als Isolierrohre bezeichnet, sind für offenes Legen an Wänden und Decken am gebräuchlichsten, weil sie sich wenig auffällig anordnen lassen und dabei meist ausreichenden Leitungsschutz gewähren. Bei offenem Legen müssen Steigleitungsrohre an der Austrittsstelle aus dem Fußboden durch übergeschobene Eisenrohre oder Holzverschalung geschützt werden. Für das Legen in trockene Mauern eignen sich die Rohre ohne weiteres, bei nicht ganz trockenen Mauern unter Beachtung von Vorsichtsmaßnahmen. Abb. 62 zeigt Rohre mit einer Muffenverbindung halb in der Ansicht und halb im Schnitt. Die Muffe enthält in der Wulst b eine isolierende Einlage und in den Rillen r schmelzbaren Kitt, der nach dem Anwärmen der Muffe das Abdichten bewirkt.

Abb. 63.

3. *Rohr- und Manteldrähte* enthalten einen oder mehrere gegenseitig isolierte Leiter, die von einem nach Art der Isolierrohre gefalzten Metallmantel umschlossen sind, wie in Abb. 63 für zwei Leiter gezeigt ist. Sie eignen sich besonders gut für unauffälliges Legen der Leitungen auf die Mauer, so daß sie zum Herstellen der Leitungsanlagen in eingerichteten Wohnungen bevorzugt werden.

4. *Starke Eisenrohre mit Papiereinlage, Stahlpanzerrohre*, gewähren weitgehenden Leitungsschutz. Ihre An-

Fehler in den Leitungen.

wendung ist im Verleich zu den übrigen Leitungsschutzrohren teuer und beschränkt sich daher auf Anlagen, die mit besonderer Vorsicht ausgeführt werden müssen.

5. *Metallrohre ohne isolierende Einlage* geben guten Schutz der Leitungen gegen mechanische Beschädigung. Das hier vornehmlich in Frage kommende Stahlrohr „System Peschel" mit Längsschlitz eignet sich für offenes Legen und mit überfalztem Schlitz für Legen unter Putz. Die gut leitend verbundenen Rohre können als geerdete Leiter benutzt werden.

d) Leitungsführungen durch Wände und Decken werden, soweit die Leitungen nicht schon in Schutzrohren liegen, mit genügend weiten Porzellan- oder Hartgummirohren hergestellt, für jede Leitung mit einem gesonderten Rohr. Die Enden der in trockene Räume einmündenden Rohre werden mit Tüllen aus feuersicherem Isolierstoff versehen. Für die Leitungseinführungen in Gebäude und in feuchte Räume sind nach unten gekrümmte, gegen das Eindringen von Feuchtigkeit schützende Porzellantrichter (Abb. 64) oder gleichwertige Einrichtungen erforderlich.

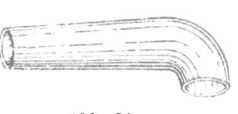

Abb. 64.

Aussparungen in der Mauer oder Decke zum Durchführen der Leitungen sind in Bauten mit feuergefährlichem Inhalt (Speichern) unzulässig, weil die Öffnungen zur Verbreitung eines entstandenen Schadenfeuers führen können.

122. Leitungsverbindungen. Die Verbindungen der Leitungen untereinander müssen so hergestellt sein, daß die Verbindungsstellen dem Stromübergang keinen höheren Widerstand entgegensetzen als die Leitungen selbst. Die Drahtenden werden verlötet oder durch Klemmen verbunden.

Einfaches Umeinanderwickeln der blanken Leitungsenden ohne Lötung ist, weil feuergefährlich, unstatthaft. Das Herstellen der Drahtverbindungen darf wegen der von der Verlässigkeit der Ausführung abhängigen Betriebssicherheit nur geschulten Arbeitern überlassen werden.

123. Fehler in den Leitungen sind bei den nach den Vorschriften des Verbandes Deutscher Elektrotechniker von

128 Leitungen.

verläßlichen Unternehmern ausgeführten Anlagen wenig zu befürchten, wenn die Leitungen nicht mechanisch beschädigt werden oder durch Feuchtigkeit oder ätzende Dünste leiden.

Die Fehler bestehen im Unterbrechen der Leitungen oder in einem zufolge schadhafter Leitungsisolierung für den Strom sich bildenden Nebenweg, einem Erd- oder Kurzschluß. Um Fehler rechtzeitig zu entdecken und umfangreiche Zerstörungen zu verhüten, sollten die Leitungsanlagen zeitweise gründlich untersucht werden (vgl. 29). Die wesentlichsten der vorkommenden Fehler sind nachstehend aufgezählt:

a) Leitungsunterbrechung. Abgesehen von der durch Abschmelzen der Sicherungen oder durch anderweitige selbsttätige Apparate verursachten Stromausschaltung, entstehen Unterbrechungen durch mangelhafte Verbindung der Leitungen unter sich oder mit den Apparaten und Lampen, unter Umständen auch durch Drahtbruch. Häufiger als vollständige Unterbrechungen sind schlechte Leitungsverbindungen. Durch den an solchen Stellen hohen Leitungswiderstand und die daraus folgende Erwärmung der Verbindungsstellen kann schwaches Leuchten der Lampen und, falls die Verbindungsstellen Erschütterungen ausgesetzt sind, Zucken des Lichtes entstehen. Wegen der durch die Erwärmung mangelhafter Verbindungsstellen möglichen Feuersgefahr ist umgehende Abhilfe notwendig.

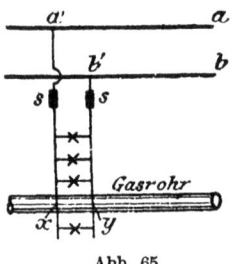

Abb. 65.

An feuchten Stellen können die Drähte zerfressen werden und schließlich brechen. Tritt das bei geschlossenem Stromkreis ein, so entsteht an der Unterbrechungsstelle ein Lichtbogen, durch den Entzündung benachbarter brennbarer Gegenstände möglich ist.

b) Erdschluß. Unter Erdschluß versteht man eine durch Isolationsfehler verursachte Verbindung der Leitungen mit der Erde, z. B. mit der feuchten Mauer oder einem Gas- oder Wasserrohr. Entsteht bei x (Abb. 65) leitende

Fehler in den Leitungen. 129

Verbindung zwischen der Zweigleitung $a'\,x$ und einem Gasrohr, so erfolgt Stromausgleich zwischen den beiden Leitungspolen durch die Erde, sobald im anderen Leitungspol ebenfalls Erdschluß vorhanden ist. Wird dabei der Stromfluß nach der Erde stärker als ihn die Leitung verträgt, so schmilzt die bei s in die Zweigleitung $a'\,x$ geschaltete Sicherung.

c) Kurzschluß. Kurzschluß entsteht durch unmittelbares Berühren von zwei, verschiedenen Polen angehörigen Stromleitern oder durch eine zwischen ihnen gebildete gut leitende Verbindung. Letzteres tritt ein, wenn die Stromleiter $a'\,x$ und $b'\,y$ (Abb. 63) bei x und y ein Gasrohr berühren. Über den gutleitenden (kurzen) Stromweg, der durch die Leitungen $a'\,x$, $b'\,y$ und die Rohrstrecke $x\,y$ gebildet ist, fließt so starker Strom, daß die Sicherungen s durchschmelzen und den Stromkreis selbsttätig unterbrechen. Fehlen die Sicherungen oder sind sie zu stark, so können die Leitungen glühend werden.

Wie Kurzschluß an einer beschädigten Leitungsschnur entsteht, zeigt Abb. 66. Die äußere Schutzhülle und die Isolierungen der beiden Leiterseilchen sind infolge von Abnutzung an der Einführung in den Anschlußstecker durchgescheuert und an den Seilchen stehen abgebrochene schwache Drähte hervor, die den Kurzschluß herbeiführen. Indem

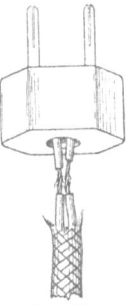

Abb. 66.

dabei die Sicherungen des zugehörigen Stromkreises durchschmelzen, wird ein Teil der Wohnungsbeleuchtung außer Betrieb gesetzt. Derartige meist peinliche Störungen lassen sich durch rechtzeitiges Instandsetzen verhüten. Gleiche Beschädigungen sind an den ebenfalls starker Abnutzung unterliegenden Leitungsschnur-Einführungen an ortsveränderlichen Stromverbrauchern, Tischlampen u. dgl., möglich.

Kurzschlüsse, wie sie in der Tagespresse oft unzutreffend und übertrieben als Ursache von Bränden geschildert werden, sind an regelrecht ausgeführten und gut instandgehaltenen elektrischen Anlagen nicht zu befürchten.

Vorsichtsmaßregeln.

124. Gefahr durch die Höhe der Spannung. Die elektrischen Einrchtungen in Wohnungen bieten bei vorschriftsmäßiger Ausführung und guter Instandhaltung keinerlei Gefahr für Leben und Gesundheit. Die nachstehenden Anhalte sind in der Hauptsache für Fabrik- und Werkstattbetriebe bestimmt, in denen Hilfe für vorkommende Störungen jederzeit bereit sein sollte.

Die Höhe der gefährlichen Spannung ist von der Körperbeschaffenheit der einzelnen Person und von der mehr oder weniger isolierenden Bekleidung, namentlich der Fußbekleidung, so sehr abhängig, daß sich bestimmte Grenzen für die Spannungshöhe nicht angeben lassen. Personen, die an feuchten Händen und Füßen leiden, sind für die Stromwirkung besonders empfindlich.

Die Spannungen, unter denen die in die Gebäude eingeführten Leitungen gegen Erde stehen, 110 bis höchstens 250 Volt, können unter bestimmten Voraussetzungen, vor allem in feuchten Räumen, gefährlich sein. Es sollte daher das Berühren von Stromleitungen, die Spannungen auch nur bis zu bezeichneter Höhe führen, vermieden werden. Einem unbeabsichtigten Berühren von Stromleitungen wird durch isolierende Umhüllung aller spannungführenden Leiterteile vorgebeugt. Daher sind unter anderem Glühlampenfassungen, die ein Berühren der Kontaktteile des Lampensockels zulassen, nicht statthaft, ebensowenig Schalter mit frei liegenden Kontakten. Ausnahmen bestehen für Betriebsräume, wenn sie nur unterwiesenen Wärtern zugänglich sind.

Mit den elektrischen Einrichtungen nicht vertraute Personen, z. B. zum Reinigen herangezogene Dienstboten, sollten blanke Teile der Leitungen, Lampen und Motoren nicht berühren. Noch weniger darf solchen Personen das Instandsetzen beschädigter elektrischer Einrichtungsteile überlassen werden.

Ausführliche Verhaltungsregeln enthalten die vom Verband Deutscher Elektrotechniker herausgegebenen Anleitungen[1]).

---

[1]) Verlag von Julius Springer, Berlin.
    a) Merkblatt für Verhaltungsmaßregeln gegenüber elektrischen Freileitungen.
    b) Anleitung zur ersten Hilfeleistung bei Unfällen im elektrischen Betriebe.

125. Für Unberufene verschlossene Räume. Alle Schalt-, Maschinen- und Transformatorenräume, die Hochspannung führende Teile enthalten, müssen für unberufene Personen verschlossen gehalten werden. Selbst in Begleitung Sachverständiger sollte Unberufenen das Betreten solcher Räume nicht gestattet werden.

126. Hilfeleistung bei Unfällen durch Stromwirkung. Für etwa notwendige Hilfe erteile man den Wärtern der Anlagen eingehende Weisungen, die zeitweise wiederholt werden müssen. Das Wiederbelebungsverfahren (vgl. 127) sollten die Wärter gegenseitig einüben, um sich Sicherheit in der Hilfeleistung anzueignen. Für eintretende Fälle beachte man folgendes:

Solange ein Verunglückter die Leitungen berührt, ist Eingreifen durch Fachunkundige nur ratsam, wenn es sich um ungefährliche Spannungshöhe handelt. Bei Hochspannungsanlagen, die durch den roten Blitzpfeil ⚡ an den Leitungstragstangen und Zubehörteilen gekennzeichnet sind, begnüge man sich damit, die Betriebsleitung umgehend zu verständigen und einen Arzt herbeizurufen.

In Wechselstrombetrieben hat das Berühren der Leitungsdrähte krampfartigen Zustand zur Folge, so daß ein Loslassen der Drähte unmöglich wird. Der Verunglückte muß dabei möglichst rasch von den Leitungen entfernt oder die Leitungen müssen spannunglos gemacht werden.

Berührt der Verunglückte nur einen Leitungspol, so kann unter Umständen dadurch geholfen werden, daß man den Verunglückten von der Erde abhebt und so den durch seinen Körper nach der Erde fließenden Strom unterbricht. Dabei fasse man den Verunglückten an den Kleidern, nicht an unbekleideten Körperteilen. Hält der Verunglückte einen Leitungsdraht krampfhaft mit der Hand, und ist die vorbezeichnete Maßnahme undurchführbar oder unwirksam, so lege man gut instandgehaltene Gummihandschuhe an, um die Finger des Verunglückten von den Leitungsdrähten abzubiegen

127. Behandlung Bewußtloser. Ist der von einem elektrischen Schlag Getroffene scheinbar leblos, so schicke man ungesäumt nach einem Arzt und schlage bis zu dessen

Ankunft das nachstehend beschriebene Verfahren ein. Das Wiederbelebungsverfahren muß ungesäumt aufgenommen werden, da bei dem in vielen Fällen eingetretenen Scheintod schon kurze Versäumnis das Wiederbeleben vereiteln kann. Auch im Fortsetzen des Verfahrens darf man nicht erlahmen; oft ist erst nach stundenlangen Bemühungen Erfolg eingetreten.

a) Der Raum, in dem sich der Verunglückte befindet, muß gut gelüftet werden.

b) Alle den Körper des Verunglückten beengenden Kleidungsstücke, Hemdkragen und Gürtel öffnet man.

c) Den Verunglückten legt man auf den Rücken und bringt ein Polster etwa aus zusammengefalteten Kleidungsstücken unter seine Schultern und den Kopf. Ist die Atmung regelmäßig, so lasse man den Verunglückten unter Bewachung ruhig liegen.

d) Ist keine oder nur schwache Atmung nachweisbar, so öffnet man zunächst den Mund des Verunglückten, erforderlichenfalls mit Hilfe eines Holzes oder Messergriffs, um Fremdkörper, Kautabak oder künstliches Gebiß, zu beseitigen. Die Zunge zieht man über die Vorderzähne und bindet sie mit einem unter dem Kinn zusammengeschlungenen Tuch fest.

e) Zum Einleiten künstlicher Atmung kniet man hinter dem Kopfe des Verunglückten nieder, das Gesicht ihm zugewandt, ergreift die Arme unterhalb der Ellbogen und zieht sie im Bogen über den Kopf, so daß sie beinahe zusammenkommen. In dieser Stellung werden die Arme 2—3 Sekunden lang gehalten (Ausdehnung des Brustkastens, Eintritt der Luft), dann führt man die Arme auf dem gleichen Wege zurück und drückt sie kräftig gegen die Seiten des Brustkastens (Austreiben der Luft aus der Lunge). Das wird ungefähr 15 mal in der Minute wiederholt und ohne Übereilung mindestens 2 Stunden lang fortgesetzt, falls die Atmung nicht früher wiederkehrt.

Ferner versetzt man dem Verunglückten zeitweise einige Schläge mit dem Ballen der Hand gegen die linke Brustseite, etwa 5 cm unter der Brustwarze. Mit dem Erschüttern der Brust bezweckt man die Herztätigkeit anzuregen.

f) Steht ein zweiter Helfer zur Verfügung, so erfaßt er die Zunge des Verunglückten mit einem Taschentuch und zieht sie kräftig heraus, so oft die Arme über den Kopf gezogen werden, und läßt sie wieder zurückgehen, wenn die Brust zusammengedrückt wird.

g) Empfehlenswert ist es, die Unterschenkel und Füße des Verunglückten von Zeit zu Zeit mit einem rauhen, warmen Tuch oder mit einer Bürste zu reiben.

h) Nach Wiederkehr des Bewußtseins lasse man den Verunglückten in liegender oder halbliegender Stellung unter Bewachung. Vor vollständiger Wiederkehr des Bewußtseins dürfen dem Verunglückten keine Getränke eingeflößt werden.

MIX
Papier aus verantwortungsvollen Quellen
Paper from responsible sources
FSC® C105338

If you have any concerns about our products,
you can contact us on
ProductSafety@springernature.com

In case Publisher is established outside the EU,
the EU authorized representative is:
**Springer Nature Customer Service Center GmbH
Europaplatz 3, 69115 Heidelberg, Germany**

Printed by Libri Plureos GmbH
in Hamburg, Germany